"十三五"国家重点图书出版规划项目

# 画说驴常见病快速诊断与防治技术

中国农业科学院组织编写

张　伟　刘文强　王长法　主编

中国农业科学技术出版社

**图书在版编目（CIP）数据**

画说驴常见病快速诊断与防治技术 / 张伟，刘文强，王长法主编 . —北京：中国农业科学技术出版社，2020. 1

ISBN 978-7-5116-4708-5

Ⅰ. ①画… Ⅱ. ①张… ②刘… ③王… Ⅲ. ①驴–动物疾病–防治–图解 Ⅳ. ①S858.22-64

中国版本图书馆 CIP 数据核字（2020）第 069158 号

**责任编辑** 金　迪　李　华
**责任校对** 李向荣

**出 版 者** 中国农业科学技术出版社
北京市中关村南大街12号　　邮编：100081
**电　　话** （010）82109708（编辑室）（010）82109702（发行部）
（010）82109709（读者服务部）
**传　　真** （010）82106650
**网　　址** http: // www.castp.cn
**经 销 者** 各地新华书店
**印 刷 者** 北京富泰印刷有限责任公司
**开　　本** 880mm × 1 230mm　1/32
**印　　张** 3
**字　　数** 78千字
**版　　次** 2020年1月第1版　2020年1月第1次印刷
**定　　价** 29.80元

# 编委会

《画说『三农』书系》

# 编委会

《画说驴常见病快速诊断与防治技术》

主　编　张　伟　刘文强　王长法

副主编　齐鹏飞　张　燕　彭永刚　蒋海涛　李　靖

编　委（按姓氏笔画排序）

丁召亮　马文军　王　涛　王长法

王怀中　王金鹏　朱曼玲　刘文强

刘桂芹　齐鹏飞　李　靖　张　伟

张　燕　陈　勇　陈书民　赵志超

黄迪海　蒋海涛　嵇传良　蔡中峰

# 序言



农业、农村和农民问题，是关系国计民生的根本性问题。农业强不强、农村美不美、农民富不富，决定着亿万农民的获得感和幸福感，决定着我国全面小康社会的成色和社会主义现代化的质量。必须立足国情、农情，切实增强责任感、使命感和紧迫感，竭尽全力，以更大的决心、更明确的目标、更有力的举措推动农业全面升级、农村全面进步、农民全面发展，谱写乡村振兴的新篇章。

中国农业科学院是国家综合性农业科研机构，担负着全国农业重大基础与应用基础研究、应用研究和高新技术研究的任务，致力于解决我国农业及农村经济发展中战略性、全局性、关键性、基础性重大科技问题。根据习总书记“三个面向”“两个一流”“一个整体跃升”的指示精神，中国农业科学院面向世界农业科技前沿、面向国家重大需求、面向现代农业建设主战场，组织实施“科技创新工程”，加快建设世界一流学科和一流科研院所，勇攀高峰，率先跨越；牵头组建国家农业科技创新联盟，联合各级农业科研院所、高校、企业和农业生产组织，共同推动我国农业科技整体跃升，为乡村振兴提供强大的科技支撑。

组织编写《画说“三农”书系》，是中国农业科学院在新时代加快普及现代农业科技知识，帮助农民职业化发展的重要举措。我们在全国范围遴选优秀专家，组织编写农民朋友用得上、喜欢看的系列图书，图文并茂展示先进、实用的农业科技知识，希望能为农民朋友提升技能、发展产业、振兴乡村作出贡献。

中国农业科学院党组书记 张合成

2018年10月1日

# 前言



驴（*Equus asinus*）是从非洲东北部的努比亚野驴逐步驯养而来的。国内学者王长法教授研究发现，家驴首先在非洲东北部被人类驯化，然后在7 000年前至3 500年前迁移到埃及和西非，自4 000年前至2 000年前，一些驴从埃及迁徙到欧洲及中亚。目前，考古学者发现最早被驯化的驴骨，来自开罗附近的马迪遗址（塔斯亚巴达里文化晚期与阿姆拉特文化早期，公元前6600至公元前6000年）。2011年1月，我国在陕西蓝田新街遗址发现了一具完整的驴骨（仰韶文化晚期与龙山文化早期，距今4 350 ~ 4 900年）。据《吕氏春秋》《盐铁论》等古书记载，我国驯养驴始于殷商时期（公元前1300年至公元前1046年），驴当时作为奇兽贵畜存在，视为难得的珍贵动物豢养于宫廷，供王公贵胄观赏娱乐。《史记·匈奴列传》："唐虞以上，有山戎、猃狁、荤粥、居于北蛮，随畜牧而转移，其畜之所多则马、牛、羊，其奇畜则橐驼、驴、骡、駃騠、騊駼、驒騱。"陆贾《新语》："夫驴、骡、骆驼、犀、象、玳瑁、琥珀、珊瑚、翠玉、珠玉、山生水藏、择地而居。"秦始皇统一中国后，使中亚、西亚地区的驴、骡更易进入我国内地。西汉张骞出使西域后，随着连接地中海各国的商贸交易，大批驴、骡也沿着丝绸之路东来。我国最早的一部解释词义的秦汉典籍《尔雅》中就有“驢”（驴）字，“鼳，鼠身长须而贼，秦人谓之小驢”。世界上第一部字典东汉许慎《说文解字》中：“驴，长耳，从马。骡，驴子也。”北魏时杰出农学家贾思勰所著《齐民要术》中就有养驴和相驴方法的记载。至唐代，驴的驯养已普及至当时中原各地，成为主要役畜之一。

在人类文明的历史上，驴是农民生产生活的良好工具，为中国的农耕文明作出了巨大贡献，在典型的半丘陵山区，特别是在一些偏远地区，驴至今仍在不辞劳苦，默默耕耘，早已与人类社会融为一体，同老黄牛一样，成为吃苦耐劳、甘于奉献的文化符号。《全唐诗》《全宋词》《全元散曲》等与驴有关的诗词达1 300多首。宋版《清明上河图》中描绘动物共有208头（只、匹），其中驴、骡最多，达56头，即反映了汴梁城驴、骡运输的繁忙景象。

“天上龙肉，地下驴肉”。驴肉具有“三高”“三低”的特点，富含不饱和脂肪酸，约占高级脂肪酸总量的70%，是高血压、肥胖症、动脉硬化患者和老年人理想的肉食。驴奶中必需脂肪酸（EFA）含量占总脂肪酸的比例是人乳的3倍，硒含量是牛奶的5.2倍，而胆固醇含量仅为牛奶的1/5，是糖尿病、高血压患者的首选饮品。驴皮是国药瑰宝——阿胶的主要原料，内含18种氨基酸，具有补血、止血、抗休克、增强机体免疫力等八大功效（《本草纲目》）。驴骨中富含的胶原蛋白，可用于制造保健品、美容产品、治多年消渴等（《太平圣惠方》）。驴血中含有丰富的蛋白质、微量元素和一些生物活性物质，被称为“液体肉”（国家中药《二十五味驴血胶丸》主要成分）。驴脂主治咳嗽、耳聋、疥疮等，“敷恶疮、疥及风肿”（《日华子本草》）。驴胎盘可治疗各种妇科疾病、消化道疾病；驴阴茎，性温，有益肝补肾、强壮筋骨的功效（《中药大辞典》）。驴的蹄甲具有解毒消肿之功效，常用于痈疽疮疡防治（《圣济总录》驴蹄散）。总之，驴以其独特的生物学特性和社会性价值获得人们的尊崇褒扬。

习近平总书记强调乡村振兴的关键是产业振兴。驴是我国畜牧业的重要组成部分，驴产业也是我国唯一没有国际竞争的畜牧产业。2018年7月，党中央要求在指导各省落实乡村振兴战略和扶贫攻坚时，统筹考虑驴产业发展，明确提出发展特色驴产业。目前，集饲养繁育、屠宰加工、驴肉销售、阿胶生产于一体的驴产业链，已成为一、二、三产业融合发展的典范。大力发展驴产业契合《国家创新驱动发展战略纲要》、“一带一路”等国家战略的方向，是完美对接现代畜牧业“调结构，促增长”供给侧结构改革、精准扶贫的产业，是落实传统产业新旧动能转换的产业。

随着驴役用功能转肉用、皮肉兼用、乳用方向，近几年，驴的规模化、集约化养殖越来越多，养殖高度集中，数量不断增加；有些地区驴与牛、羊混养；异地购买、跨地区调运频繁等因素，使得疫病暴发和流行的风险大大提高。目前，驴疫病相关的基础和应用研究薄弱，尚未建立重要疫病病原变异与传播的风险评估体系，疫病综合防控和支撑服务体系不健全，驴疫病防控技术普及率低，部分驴场兽医临床诊疗盲目，滥用药的情况突出；在呼吸道疾病、驴驹感染性腹泻和母驴流产等方面的综合防治技术研究滞后，亟需一套完整的健康养殖保健技术规范，为标准化生产、规范化管理、品牌化经营，为提升产品的市场竞争力，增加产品的附加值，提供技术支撑。

创新是民族进步之魂，是引领发展的第一原动力。畜禽传染病的控制和消灭程度，是衡量一个国家发展水平的重要标志，是畜牧兽医法律体系中“四法三条例”的重要内容。没有动物疫病防控工作的保障，畜牧业可持续发展、畜产品质量安全将成为一句空话。本书围绕驴产业发展方向，重点对疾病防控和绿色保健技术等方面进行了阐述，可作为规模化养殖场的建议性科普类指导用书。

本书根据规模化养驴场实际养殖情况，经过逐一细致的整理核实，在国内首次以图文并茂的形式归类编撰而成。在编写过程中得到了聊城大学毛驴高效繁育与生态饲养研究院、东阿阿胶股份有限公司黑毛驴研究所等单位的大力支持，在此表示衷心的感谢！由于时间仓促，加之编者水平有限，书中难免出现不足和错误之处，敬请读者给予批评指正。

编　者

2019年10月

Contents 目 录

# 第一章 驴的研究进展

## 第一节 生物学特性

按照动物分类学分类，驴属于：

动物界（Animal kingdom）

脊索动物门（Phylum Chordata）

脊椎动物亚门（Vertebrata）

哺乳纲（Mammalia）

真兽亚纲（Eutheria）

奇蹄目（Perissodactyla）

马型亚目（Hippomorpha）

马科（Equidae）

马亚科（Equine）

马属（*Equus*）

驴种（*Equus asinus*）

目前，马属动物中现存的只有马、斑马和驴3个种。综合各参考资料研究认为，马、驴、斑马源于同一祖先。马属动物丰富的化石材料记录了其5 500万～6 000万年的起源、迁徙、灭绝和进化，使其成为进化生物学的教研材料。马的进化史可以说是哺乳动物中研究的最透彻的了，所有的进化教材中都有介绍。

大致进化路径是：马属动物起源于北美洲，最原始祖先为古新世（6 500万～5 300万年）末期的原蹄兽（体格矮小，四肢均5趾，中趾较发达）→第三纪在始新世（5 300万～3 650万年）初期的始新马，又称始祖马（体高约40cm，前肢低有4趾，后肢高有3趾，牙齿不特化，为低冠丘形齿）→始新世晚期至渐新世（3 400万～2 300万年）中期的渐新马，又称中马（体高约60cm，前肢的趾变成了3个，且中趾发育）→中新马（2 500万～1 200万年），又称为草原古马（高齿冠牙齿，大小似羊）→其中一个分支被称为三趾马（1 500万年前的中新世中期，大小如驴，前后脚都长3个脚趾，但内外侧的趾头已脱离地面，在行走和奔跑中并不起作用，起作用的只有一个中趾，50万年前的更新世中期最后灭绝）；另一个分支被称为上新马（距今1 200万～300万年，是现生马的真正祖先，大小和现生普通的马差不多，它的前后脚已演化成真正的单趾）→真马（300万年前更新世早期）。

真马在北美洲诞生后向两个地方发展，一支到达南美洲形成南美马类，一支到达旧大陆（非洲—欧亚），旧大陆的真马在更新世比较繁盛，著名的代表有我国的三门马、云南马、北京马等。在25.8万～1.2万年前的更新世结束时，南美洲和北美洲的所有马类都全部灭绝，只有到达旧大陆的这一批真马保存了下来，这也是现存唯一的马类。直到西班牙人到达美洲以后，美洲才再次出现马类。

到530万年前开始的上新世时，现代马属的最近祖先出现，即上新马。在接下来约300万年间，马属动物经历快速的辐射进化，在不同的环境中占领生态位，出现了野驴，按发生地域分为亚洲野驴（*Equus hemionus*）和非洲野驴（*Equus africanus*）。其中，亚洲野驴包括6个亚种蒙古野驴（近危）、叙利亚野驴（1930年灭绝）、土库曼野驴（濒危）、波斯野驴（濒危）、印度野驴（近危）、西藏野驴（低危）。2014年，Jonsson等用核基因组构建系统发育树，揭示非洲野驴和亚洲野驴的物种分离时间是175万～147万年前，蒙古（中亚）野驴（*Equus hemionus*）和藏野驴（*Equus kiang*）的物种分离时间发生在39.2万～26.6万年前。2015年，Huang等得到与此相符的研究结果。2011年，Steiner等用核蛋白编码基因序列构建进化树，将亚洲野驴与斑马聚为一支，非洲野驴作为独立的一个分支于210万年前形成；但是用线粒体基因组分析的结果是非洲野驴与斑马聚为一个单元。在近100万年里，与其他马属动物相比，驴的种群进化历史较稳定，这可能是因为驴的祖先——非洲野驴一直生活在非洲东北部，受第四纪冰川期影响较小。

驴的祖先来源于非洲野驴。非洲的野驴又可分为两个家族，一支是努比亚野驴（*Equus asinus africanus*），在苏丹和埃及；另一支索马里野驴（*Equus asinus somaliensis*），在埃塞俄比亚、索马里和厄立特里亚。这两群野驴大约在8万年前分家，人类在驯化它们时，就已经分为两个亚种了。研究表明，努比亚驴和索马里驴两个野生驴亚种都对现代驴的发展起了作用，人类可能是早在8 400～8 900年前就开始了野生驴的驯养，野生驴和家养驴之间的杂交很可能在整个驯化过程中持续存在，尽管分析表明只有努比亚驴在基因上对家驴有贡献。目前这两个品种均有活体存在，但都被列入濒危物种红色名单的极危名单。其中，努比亚野驴躯体为灰黄色，腹部白色，背线及鹰膀（即肩纹）明显；索马里野驴躯体为浅红棕色，腹部白色，黑色虎斑（即四肢前膝和飞节上的条纹），通过背线、鹰膀及虎斑的有无即可区分这两个亚种，图1-1、图1-2。

图1-1　努比亚野驴（有背线和鹰膀但腿上无虎斑，图片来自网络）

图1-2　索马里野驴（腿上有虎斑而肩上无鹰膀，图片来自网络）

驴是整个家畜遗传资源的重要组成，世界上驴的遗传资源十分丰富，但驴种质资源破坏严重，全球约有194个品种（欧洲60、美洲31、非洲27、中东44、泛亚32），数量约为4 276万头，其中128个品种处于濒危状态（约占总体的66%）（联合国粮食及农业组织，2014），图1-3。

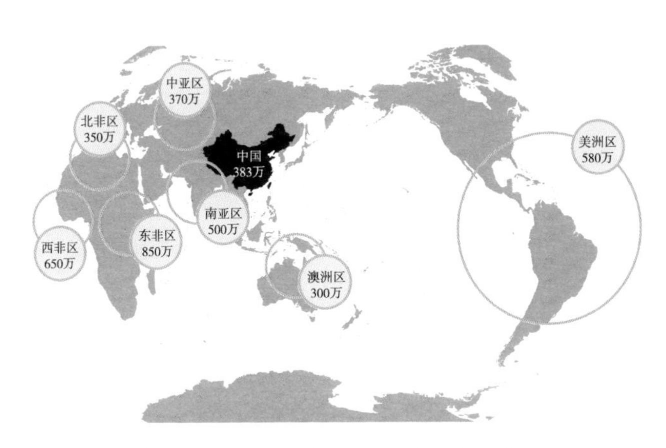


**图1-3　驴在世界上的分布（联合国粮食及农业组织，2014）**

我国不同的生态环境、社会经济条件、饲养水平和选育方向造就了各具特色的地方品种。驴的中心产区为北纬33°~46°，主要覆盖我国面积100多万平方千米，广泛分布于长江以北的大部分地区，西至青藏高原，荒漠高原、丘陵地带、山区平原均适合驴的生长，驴存栏数约占世界总量的15%。根据全国第二次畜禽资源调查显示，我国现有驴种资源丰富，生态类型繁多，与欧美驴种源关系疏远，是大家畜中少有的未被外种入侵，始终保持着其固有的遗传稳定性，生态适应性，基因多样性和品质纯正性。

依据《中国马驴品种志》，我国驴共有24个优秀地方品种，体型外貌和生产性能各异：分布于西北高原地区，长城内外华北、陕北以及江淮平原、四川、云南地区，体高在110cm以下的小型驴；分布于华北北部和河南中部地区，体高为115~125cm的中型驴；分布于黄河中下游的关中平原、晋南盆地、冀鲁平原地区，平均体高130cm以上的大型驴。在西部及北部牧区，有新疆驴、凉州驴、西吉驴等小型驴，属于干旱、半干旱生态类型。在中部平原，有关中驴、晋南驴、德州驴等大型驴，属于平原生态类型。在西南高原，有四川驴、西藏驴等小型驴，属于高原生态类型。在丘陵山地有广灵驴、泌阳驴等中型驴。其中，德州驴（分布于山东德州、滨州地区、河北沧州地区）、关中驴（陕西西安至宝鸡地区）、广灵驴（山西广灵地区）、新疆驴（喀什、和田、阿克苏、吐鲁番盆地和哈密等地区）、泌阳驴（河南泌阳县）5个品种已被列入《中国国家级畜禽遗传资源保护名录》，见图1-4至图1-8。

图1-4　德州驴（依毛色左为三粉驴，右为乌驴）

图1-5　关中驴

图1–6　广灵驴

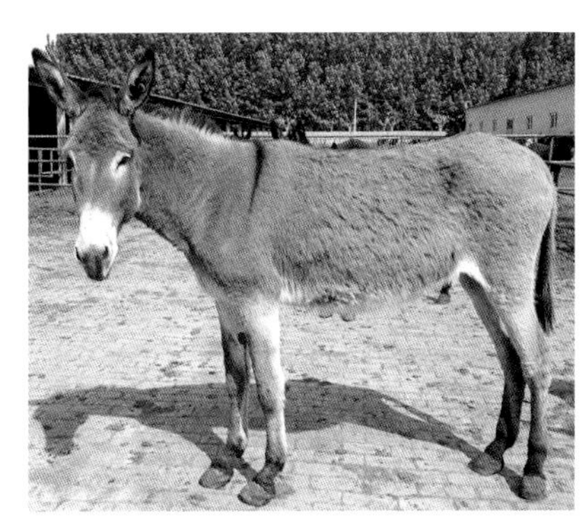

图1–7　新疆驴

图1–8　泌阳驴（源自网络）

“要健康，喝驴汤；想长寿，吃驴肉”“吃了驴肝肺，能活一百岁”“宁舍孩儿他娘，不舍驴板肠”……民间俗语折射出对驴肉的喜爱和对驴肉的养生认知。驴以其独特的生物学特性，获得“天上龙肉，地下驴肉”的美食赞誉。据明代著名医药学家李时珍所著《本草纲目》记载：驴肉味甘、性温。可解心烦，止风狂；治多年消渴，无不者；补血益气，治远年劳损。驴为中国的中医药文化和美食文化，奉献了皮、肉，奠定了中医滋补养生理念的基础，具有特殊的价值和市场潜力。驴肉具有“三高”（高蛋白、高必需脂肪酸、高不饱和脂肪酸）、“三低”（低脂肪、低胆固醇、低热量）的特点。2011年刊发在《食品与营养科学》杂志上的意大利卡梅里诺大学一项研究表明，每100g驴肉中含蛋白质22.8g、脂肪2.0g，是脂肪酸含量最低的肉类；而作为评定肉品质量的重要指标色氨酸的含量达300～314mg/100g，远高于牛肉（219mg/100g）。驴肉中的鲜味氨基酸含量较高，这使得驴肉更加鲜美，口味与营养价值融为一体，成为最受消费者欢迎的肉食品之一，见表1-1。

**表1-1　驴肉主要营养成分及比较**

| 名称 | 驴肉 | 牛肉 | 驴/牛 | 羊肉 | 驴/羊 | 猪肉 | 驴/猪 |
|---|---|---|---|---|---|---|---|
| 蛋白质（g/100g） | 22.8 | 19.4 | 高18% | 20.5 | 高11% | 20.3 | 高12% |
| 脂肪（g/100g） | 2.0 | 5.0 | 低60% | 7.0 | 低71% | 6.6 | 低70% |
| 必需脂肪酸（%） | 25.0 | 4.6 | 高44.3% | 10.5 | 高13.8% | 4.6 | 高44.3% |
| 必需氨基酸（%） | 40.3 | 39.0 | 高3% | 37.2 | 高8% | 38.3 | 高5% |
| 胆固醇（mg/100g） | 68.0 | 106.0 | 低36% | 70.0 | 低3% | 126.0 | 低46% |
| 鲜味氨基酸（%） | 26.2 | 23.3 | 高12% | 23.6 | 高11% | 23.2 | 高13% |
| 赖氨酸（%） | 8.9 | 8.4 | 高6% | 7.6 | 高17% | 7.8 | 高14% |
| 热量（kcal/100g） | 116.0 | 125.0 | 低7% | 118.0 | 低2% | 143 | 低19% |

驴奶营养成分比例接近人乳的99%；属天然富硒食品，每100ml含量10μg，是牛奶的5.2倍；维生素C含量高，为牛奶的4～5倍；胆固醇含量低，仅为牛乳的20%；驴奶属高蛋白低脂肪乳品，脂蛋比的平均值为0.21；驴奶中蛋白主要以乳清蛋白为主（通过升高谷胱甘肽水平抑制乳腺癌、结肠癌等某些癌症细胞的生长），单不饱和脂肪酸含量多；驴奶中溶菌酶的含量高达1g/L，为人乳的10倍，溶菌酶具有抗炎症活性、免疫调节活性和抗肿瘤活性等生理功能，见表1-2。

**表1-2　驴奶主要成分及比较**

| 名目 | pH值 | 蛋白质(g/100g) | 脂肪(g/100g) | 乳糖(mg/100g) | 硒(μg/100g) | 维生素C(μg/100g) | 干物质(g/100g) | 能量值(kJ/kg) |
|---|---|---|---|---|---|---|---|---|
| 驴奶 | 7.1 | 1.7 | 1.5 | 6.3 | 80 | 58 | 9.6 | 1 939.4 |
| 人乳 | 7.3 | 1.4 | 3.7 | 6.6 | 20 | 47 | 12.4 | 2 855.6 |
| 牛奶 | 6.7 | 3.6 | 3.7 | 4.7 | 10 | 12 | 12.4 | 2 983.0 |
| 山羊 | 弱碱性 | 3.41 | 4.62 | 4.47 | 25 | 45 | 13.23 | 3 399.5 |
| 绵羊 | 弱碱性 | 6.17 | 7.54 | 4.89 | 28 | 48 | 19.52 | 5 289.4 |

注：部分数据源自意大利卡梅里诺大学、中国农业大学、中国肉类食品综合研究中心及中国知网

驴皮为国药瑰宝——阿胶的主要原料，含有18种氨基酸，具有补血、止血、抗休克、增强机体免疫力等八大功效。驴骨中富含的胶原蛋白，可用于制造保健品、美容产品、治多年消渴等（《太

平圣惠方》）。驴血中含有丰富的蛋白质、微量元素和其他一些生物活性物质被称为“液体肉”（国家中药《二十五味驴血胶丸》主要成分）。驴胎盘可治疗各种妇科疾病、消化道疾病；驴阴茎，性温，有益肝补肾，强壮筋骨的功效（《中药大辞典》）。驴的蹄甲具有解毒消肿之功效，常用于痈疽疮疡防治（《圣济总录》驴蹄散）。

虽然驴的种质遗传资源丰富，但在畜牧业生产中受重视程度还不够，驴的饲养管理技术的基础研究与实践推广落后。国家对有关驴的科研资助较少，如国家重大科技计划、现代农业产业技术体系、良种补贴等项目均未将驴物种列入，从事驴产业研究的科技力量非常薄弱，导致远远落后于猪、牛、羊、禽产业的发展。由于驴役用功能的弱化，我国驴存栏量从20世纪90年代初的944.4万头减少到2018年的253.3万头（《中国统计年鉴》，图1-9），近30年来驴的存栏量减少了七成，而且还在以每年约30万头的数量递减，若不及时采取相关措施，将面临濒危境况。

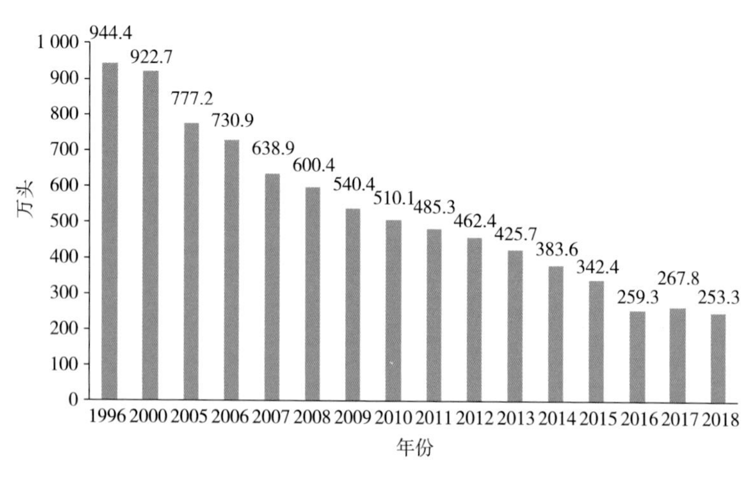


**图1-9　中国驴存栏量的情况统计（1996—2018年，中国统计年鉴）**

驴产业是我国特色畜牧业的重要组成部分，中国是世界上唯一具有集驴养殖、屠宰、精深加工及销售于一体的全产业链的国家。消费是现代生活的重要组成部分，是实现美好生活的重要内容。随着人民对品质生活要求的提高，对动物性食品的需求也逐渐多样化、精品化，驴产业不断升温，在一些大中小城市到处可见到驴肉餐馆，但驴产品却没摆上百姓家的餐桌。从现有政策来看，我国支持驴产业发展的政策措施还相对零散，大多是区域性的；从支持力度来看，还没有将驴产业发展上升到民生层次，给力的支持政策并不多。面对新形势、新任务和新挑战，如何从全产业链角度实现乡村振兴、三产融合发展、供给侧结构性改革、产业转型升级，符合大力发展康养产业的总体要求等双向协同共同发展值得探究。

## 第二节　生活习性

驴本身具有热带或亚热带动物共有的特征和特性，天性聪敏，性格温驯，胆小而执拗，惧水，耐热，喜干燥，不适宜长期潮湿的环境，耐饥渴、抗脱水能力强（脱水达体重的25%～30%时仅表现为食欲减退，且一次饮水即可补足所失水分），吃苦耐劳，易驾驭，故有“十驴九走”“泥泞的骡子，雪里马，土路上的大叫驴”的农谚。

驴属绿色畜种：在饲养采食量方面，一头驴仅相当于一头牛食量的1/4～1/3，食量较马小30%～40%；就采食方式上讲，驴不会严重破坏耕地和草地植被，而牛、羊一般用唇卷住草后，基本从根上将草切断，甚至连根拔起；驴的饮水量小，冬季耗水量约占体重的2.5%，夏季耗水量约占体重的5%，最多饮水量为体重的25%～35%；就环境污染物甲烷的排放量来说，驴仅是牛的1/96。

驴在消化生理方面：驴采食慢，口腔生长有适宜咀嚼粗硬饲料的坚硬发达牙齿和灵活的上下唇，驴唾液腺发达，每千克草料可产生4倍的唾液量进行消化；驴较耐粗饲，“寸草铡三刀，无料也上膘”；驴对饲料中蛋白质的利用与反刍家畜接近，与马、骡相比，驴的消化能力要高30%。驴的胃容积不到8L，胃排空速度快，食糜在胃中停留的时间很短，当胃容量达到2/3时，胃内容物就不断排至肠中，因此要求定时定量，最好每天要饲喂3～5次，少喂勤添，如一次性喂料过多，易造成其胃扩张甚至胃破裂；驴的胃贲门括约肌发达而呕吐神经不发达，故不宜饲喂易酵解产气的饲料，容易引发胃扩张；因食糜是分层消化的，故不宜在采食时大量饮水，以免打破分居状态，让未充分消化的食物冲进小肠，不利于消化。驴属于后肠发酵类型，机体所需60%～70%的能量都由盲肠和结肠吸收的挥发性脂肪酸提供。盲肠是马属动物营养物质消化的重要器官，也是微生物发酵、分解、消化日粮纤维的主要场所，但由于盲肠位于消化道的中下段，因而对纤维素的消化利用远远赶不上瘤胃。日粮中无法在胃和小肠中被消化吸收的碳水化合物（如纤维素和淀粉）对盲肠微生物区系和盲肠环境的稳定起着决定性作用，并最终影响到饲料利用率、营养代谢和动物的生产性能等。

驴的肠道总长约20m，笔者经屠宰25头成年德州驴检测，小肠长度为（12.6 ± 1.6）m，大肠长度为（4.8 ± 0.3）m。十二指肠、空肠、回肠、大结肠、小结肠、盲肠口径粗细不一，尤其是大结肠，直径可达30cm以上，而上与回肠相接的回盲口和下与结肠相通的盲结口较小，饲养不当会引起其肠道梗塞，引发结症。盲肠、大结肠、小结肠、直肠和其他部分共同组成了大肠。大肠尤其是盲肠具有类似瘤胃的作用，对粗纤维的利用与反刍动物相差1倍以上，对饲料中脂肪的消化能力仅相当于反刍动物的60%，因而饲喂驴应选择脂肪含量较低的饲料。日粮中纤维素含量超过30%，则影响蛋白质的消化，对生长中的驴驹和代谢较高的种驴，应注意蛋白质的供应。见图1-10至图1-15。

图1-10　消化系统

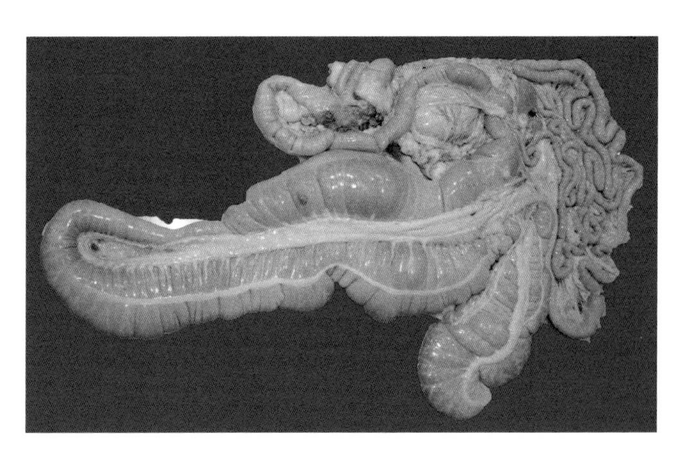

图1-11　胃肠整体观

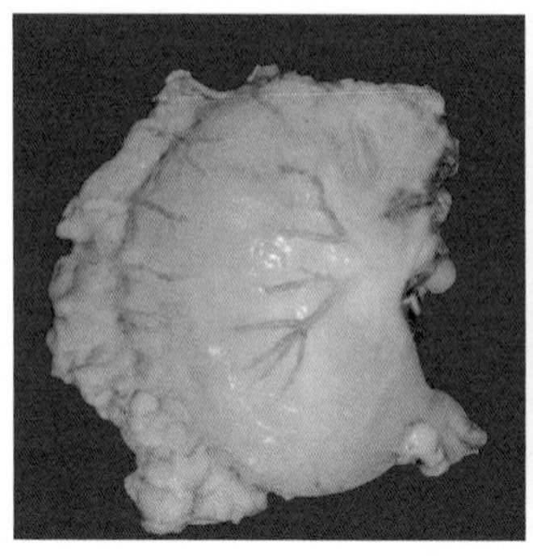
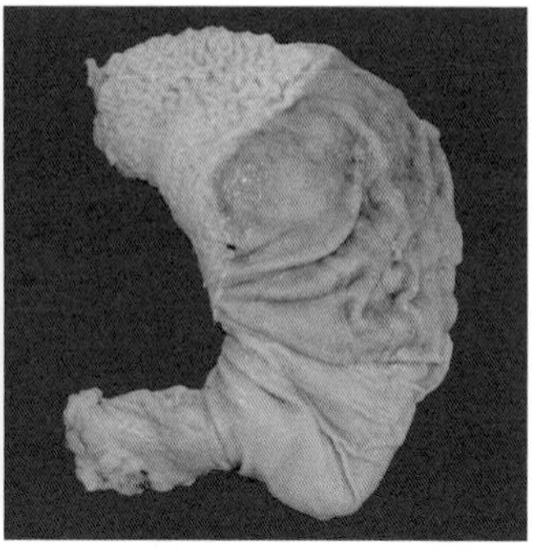

图1-12　胃（左图是整体观，右图是剖开内侧）

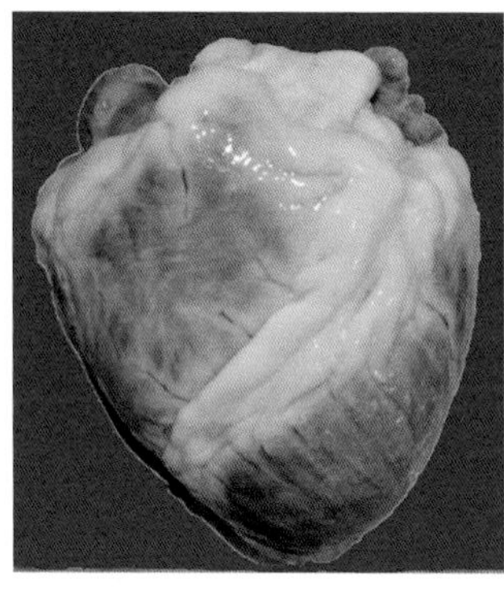
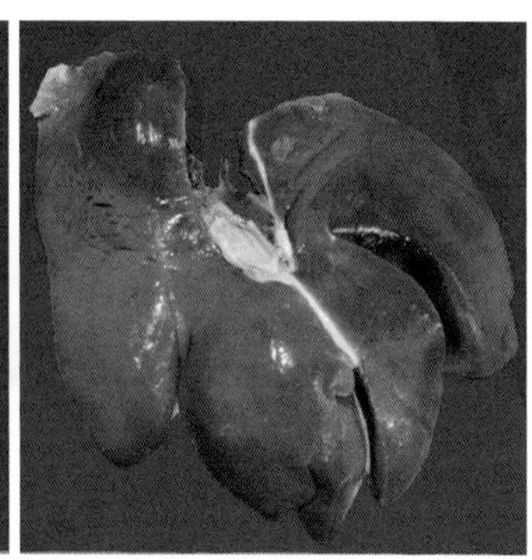

图1-13　心脏、肝脏

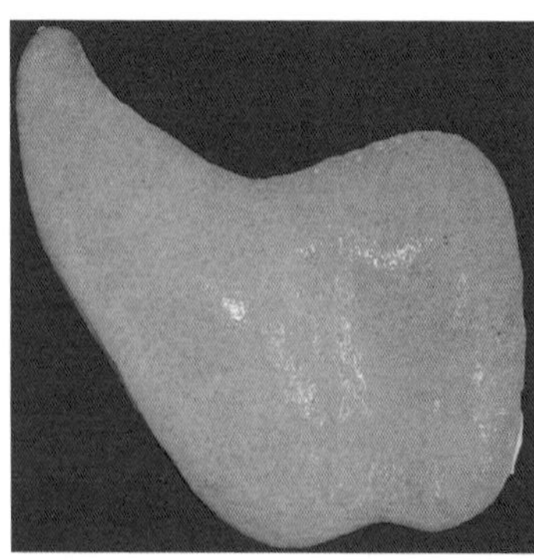
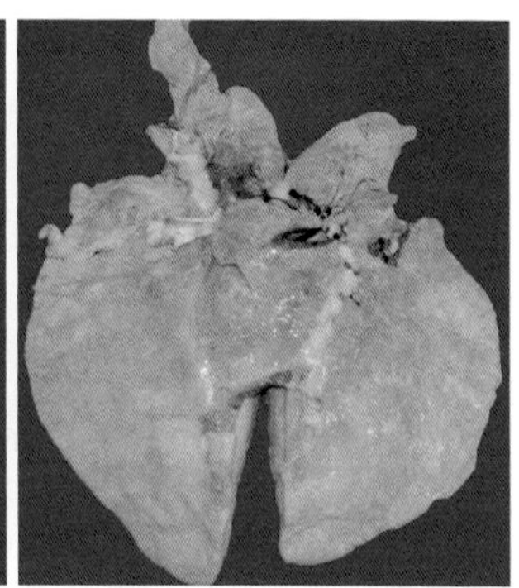

图1-14　脾脏、肺脏

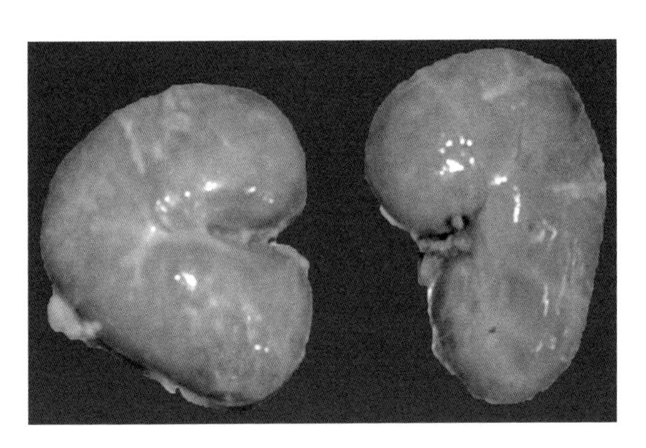

图1-15　肾脏（左、右）

# 第三节　生理生化指标

目前，驴生理生化指标检测工作尚在完善中，笔者在临床诊断中的血生化检查，参考英国驴生化指标及血常规的检测（Burden et al.，2016），综合数值后供参考。

## 一、体温、脉搏、呼吸

驴的主要生理指标如表1-3所示。

表1-3　驴的主要生理指标

| 生理指标 | 成年驴 | 驴驹 |
| --- | --- | --- |
| 体温（℃） | 36.4 ~ 37.8 | 37.5 ~ 38.9 |
| 脉搏（次/min） | 36 ~ 52 | 80 ~ 120 |
| 呼吸数（次/min） | 12 ~ 28 | 30 ~ 50 |

注：使用听诊器听取气管每分钟的呼吸数；置下颌骨外侧，食指与中指伸入下颌支内侧，触诊下颌动脉数脉搏；直肠测温

## 二、血常规

血常规参考指标如表1-4所示。

表1-4　血常规参考指标

| 项目 | 单位 | 参考范围 |
| --- | --- | --- |
| 白细胞计数（WBC） | ×$BC^9$个/L | 5.4～13.5 |
| 红细胞数（RBC） | ×$BC^{12}$个/L | 4.4～8.4 |
| 淋巴细胞计数（LY） | ×$Y^9$个/L | 1.4～10.7 |
| 血红蛋白浓度（HGB） | g/L | 20.5～156.5 |
| 血小板计数（PLT） | ×$LT^9$个/L | 75～550 |
| 平均血红蛋白含量（MCH） | pg | 10～24 |
| 平均红细胞体积（MCV） | fl | 26～71 |
| 平均血红蛋白浓度（MCHC） | g/L | 280～400 |

## 三、血生化

血生化参考指标如表1-5所示。

表1-5　血生化参考指标

| 项目 | 参考值 |
| --- | --- |
| 乳酸脱氢酶（LDH） | 250～2 070U/L |
| 脂肪酶（AIPA） | 400～1 000U/L |
| $NH_3$ | 0～90μmol/L |
| 钾 | 2.6～5.3mmol/L |
| 钠 | 127～142mmol/L |
| 氯 | 94～107mmol/L |
| 钙 | 2.1～3.7mmol/L |

（续表）

| 项目 | 参考值 |
|---|---|
| 磷 | 0.58 ~ 1.81mmol/L |
| 铁 | 13.1 ~ 25.1μmol/L |
| 碱性磷酸酶（ALP） | 10 ~ 326U/L |
| 淀粉酶（AMLY） | 0 ~ 35U/L |
| 肌酸激酶（CK） | 10 ~ 350U/L |
| 尿素氮（BUN） | 3.6 ~ 8.9mmol/L |
| 肌酐（CREA） | 31 ~ 187μmol/L |
| 尿酸（UA） | 0 ~ 60μmol/L |
| 血糖（GLU） | 4.2 ~ 5.7mmol/L |
| 总蛋白（TP） | 56 ~ 79g/L |
| 白蛋白（ALB） | 20 ~ 39g/L |
| 球蛋白（GLOB） | 21 ~ 53g/L |
| α-球蛋白 | 7 ~ 17g/L |
| β-球蛋白 | 6 ~ 20g/L |
| γ-球蛋白 | 8 ~ 16g/L |
| 总胆红素（TBIL） | 0 ~ 60μmol/L |
| 总胆固醇（CHOL） | 1.3 ~ 2.9mmol/L |
| 甘油三酯（TRIG） | 0.06 ~ 0.76mmol/L |
| 丙氨酸氨基转移酶（ALT） | 5 ~ 50U/L |
| 天门冬氨酸氨基转移酶（AST） | 100 ~ 600U/L |
| γ-谷氨酰基转移酶（GGT） | 0 ~ 87U/L |

笔者所在课题组通过对20头1.5岁生长期的德州驴血清生化检测发现，血清总蛋白、白蛋白、总胆固醇、甘油三酯含量及乳酸脱氢酶活性母驴略高于公驴，而球蛋白、尿素氮含量及天冬氨酸

氨基转移酶、丙氨酸转移酶、谷氨酰胺转移酶活性母驴略低于公驴，但均无显著影响（$P>0.05$），母驴血清白球比显著高于公驴（$P<0.05$），而血清碱性磷酸酶活性极显著低于公驴（$P<0.01$），见表1-6。

**表1-6　生长期育肥德州驴部分血清生化指标比较**

| 项目 | 公 | 母 | *P*值 |
| --- | --- | --- | --- |
| 总蛋白（TP）（g/L） | 72.42 ± 1.08 | 71.94 ± 1.83 | 0.827 |
| 白蛋白（ALB）（g/L） | 29.96 ± 0.38 | 29.00 ± 0.39 | 0.118 |
| 球蛋白（GLOB）（g/L） | 42.46 ± 1.08 | 42.94 ± 1.59 | 0.788 |
| 总胆固醇（CHOL）（mmol/L） | 2.61 ± 0.25 | 2.00 ± 0.08 | 0.235 |
| 甘油三酯（TRIG）（mmol/L） | 0.82 ± 0.21 | 0.42 ± 0.08 | 0.116 |
| 丙氨酸氨基转移酶（ALT）（U/L） | 12.74 ± 0.62 | 13.65 ± 1.21 | 0.498 |
| 天冬氨酸氨基转移酶（AST）（U/L） | 362.48 ± 14.30 | 393.10 ± 23.20 | 0.278 |
| γ-谷氨酰基转移酶（GGT）（U/L） | 26.50 ± 0.65 | 30.00 ± 2.65 | 0.195 |
| 尿素氮（BUN）（mmol/L） | 5.54 ~ 0.77 | 6.28 ± 0.22 | 0.380 |

## 四、粪尿情况

粪尿能直接地反应机体的健康情况。正常每天消耗水的量为基础体重的6% ~ 10%，而舒适环境下的消耗量仅为4% ~ 5%。一般成年驴（200kg以上），每日可排鲜粪6 ~ 10kg，尿10 ~ 15L。驴粪质地粗，疏松多孔，含水分少，成分中以纤维素、半纤维素含量较多，驴粪中水分易于蒸发，同时含有较多的纤维分解菌，是热性肥料。驴的肾脏浓缩尿液的能力非常强大，尿液中的尿素氮和肌酐的平均含量分别是牛的4.5倍和13.5倍。驴尿液生化检测指标平均值的标准差范围较大，具体原因可能与年龄、饮水量、膀胱大小以及肾脏功能有关。通过对德州乌头驴和三粉驴的尿常规检测，没有发现统计学的差异。尿色素来源于蛋白质的代谢，其每日的排泄量基本上是恒定的，尿液的颜色是由尿色素决定的，而且会随着尿量的变化而发生变化，因此饮水多时尿量多，颜色就浅白，饮水少时尿量就少，颜色就深黄。

## 五、繁殖性能

在良好的饲养管理条件下，驴驹 1 岁时的体重和体长最高分别可达到成年驴的90%、85%以上。公驴的性成熟年龄在18～24月龄，2.5～3.5岁时开始配种。母驴的初情期一般在12～18月龄，因品种差异时间略有长短，适宜的初配年龄在2岁龄以后。驴的繁殖力可维持到16～18岁，母驴终生可产驹10头以上。驴是季节性多次发情的动物，发情从3—4月开始至深秋季节停止，进入乏情期。母驴的平均发情周期为21～24d，其变幅范围为10～33d，发情持续期一般为6～10d；母驴排卵时间一般在发情开始后3～5d，每年2—8月母驴的卵泡发育到30mm后开始发情排卵，持续时间大于24d。根据在东阿阿胶股份有限公司黑毛驴研究所养驴基地成年母驴（250～300kg）的监测发现，在发情周期内，排卵时卵泡的平均直径为43.4mm；排单卵的比例为78%，其中左侧卵巢排卵的比例为66.67%，右侧卵巢排卵比例为33.33%；排双卵比例为16%，仍以左侧居多。配种时间应在发情持续期的1～5d内进行受精率较高，采用B超可视化人工授精技术，可比本交提高母驴受孕率20%以上。驴的平均情期受胎率为60%～65%，怀孕后第一次观察到孕囊的时间11～13d，孕囊的平均直径为（6.5±1.9）mm，胎心出现在21～23d，妊娠期一般350～396d，但随母驴年龄、胎儿性别和膘情好坏，妊娠期长短不一。

种驴保种群的体重、体尺统计信息满足《中国畜禽遗传资源

志·马驴驼志》中对德州驴的要求。种公驴体重约292kg，体高为（142.6 ± 2.2）cm，体长为（142.5 ± 2.5）cm，胸围为（152.2 ± 3.2）cm，管围为（17.5 ± 0.7）cm。种母驴体重要求为263.2kg，体高为（135.6 ± 5.2）cm，体长为（135.5 ± 4.5）cm，胸围长（147.2 ± 6.2）cm，管围为（16.5 ± 0.7）cm。笔者统计了269头德州驴母驴的妊娠周期，发现妊娠周期为356 ~ 365d的母驴最多，达到85头，占所有母驴的32%，妊娠周期为366 ~ 375d的母驴有72头，占所有母驴的27%。德州驴母驴妊娠期范围集中在346 ~ 385d，平均为375d，可为接产和分娩安排提供参考。在黑毛驴研究所德州驴保种场出生的后代乌驴驹出生重平均32kg（最大41.6kg），体高91cm（最大100cm），前3月龄平均日增重640g，3月龄驴驹平均体重>92kg。

## 六、体重及估重

要了解驴的体重，最准确的办法是用地秤测量。在无地秤时可用下列公式估算：

$$体重（kg）=\frac{胸围^2\times 体长}{10\,800}+25（或45）$$

式中：胸围和体长的测量值以cm计。

根据对膘情好的大型成年驴实际称重和用公式计算的体重比较，用常数“25”时，绝对误差为18.1kg（较实际体重数小），相对误差为4.25%；用常数“45”时，绝对误差为1.4kg（较实际数稍高），相对误差为0.34%。对3岁以下驴驹或中、小型驴，以及膘情瘦弱的成年驴，其体重估计可用常数“25”。体重的估算对于机体的给药很重要。利用活驴体重与体高的比例关系来判断，指数越大，育肥度越好，但不是无止境的。参考肉牛的部分指标，指数以526为最佳。指数计算方法：育肥度指数=体重/体高×100。见表1-7。

表1-7 体况情况判断标准

| 体况情况 | 颈部 | 肩隆和肩部 | 肋骨、背部和腰部 |
|---|---|---|---|
| 瘦 | 骨骼明显，可见“母羊颈”基部狭窄松弛 | 骨骼明显可见棘突，没有脂肪 | 肋骨明显可见，肋间只有皮肤，骨骼棘突 |
| 中等 | 颈部覆盖有脂肪，基部狭窄结实 | 肩隆和肩部有脂肪层，可见棘突 | 肋骨轮廓模糊，肋骨刚好可见 |
| 丰满 | 没有棘，有明显的脂肪沉积 | 肩后有脂肪沉积 | 无肋骨可以感觉到无脊沟，可触到棘状突 |
| 肥胖 | 颈部明显增厚、宽、结实，有轻微褶皱 | 沿肩隆充满脂肪 | 背部宽、扁平、腰部平满 |

注：参考Henneke等《母马体况分值、体格测定和机体脂肪百分比的关系》和Carroll，Huntington《体况分值与体重评估》

## 七、年龄判定

选驴育驴时，首先要判定其年龄，这关乎着驴的生产性能和种用价值的判断。根据驴门齿的数目和形状，就可以确定驴的年龄。驴也像其他哺乳动物一样，门齿、前臼齿需要脱换，即先是长出乳齿然后再长出恒齿。5岁以上，成年公驴最多有牙齿44枚（含狼齿、犬齿），母驴最多有40枚（含狼齿、无犬齿），见表1-8、图1-16。

在门齿咀嚼面上有个凹进去的窝称为齿坎。下门齿有10mm，由于不断割切草料，每年磨损约2mm。驴牙齿的发生、脱换及黑窝磨灭消失时间可作为鉴别驴年龄的重要参考。还有，牙齿形状也随着年龄不断地变化。其中，有“一对牙三岁口，两对牙四岁有，五到六岁边牙现，七咬门齿八咬边，咬到中渠十二三，边牙圆十五年”的口谚。

**表1-8　主要年龄阶段牙齿的变化情况**

| 齿式 | 乳牙时间 | 恒牙时间 |
|---|---|---|
| 门齿（上下颌各1对）<br>第一（中央）切牙 | 出生后1～7d | 2.5岁<br>（3岁开始磨灭） |
| 中齿（上下颌各1对）<br>第二（中间）切牙 | 1～2个月 | 3.5～4岁<br>（4岁开始磨灭） |
| 隅齿（上下颌各1对）<br>第三（角落）切牙 | 6～12个月 | 4.5～5岁<br>（5岁开始磨灭） |
| 犬齿（上下颌各1对）<br>犬牙（仅公驴） | 无 | 如果有4.5～5.5岁 |
| 前臼齿<br>第一前磨牙（狼齿） | 无 | 如果有0.5～3岁 |
| 前臼齿<br>第二前磨牙 | 出生后1～14d | 2～3岁 |
| 前臼齿<br>第三前磨牙 | 出生后1～14d | 2.5～3岁 |
| 前臼齿<br>第四前磨牙 | 出生后1～14d | 3～4岁 |
| 后臼齿<br>第一后磨牙 | 无 | 9～12个月 |
| 后臼齿<br>第二后磨牙 | 无 | 2岁 |
| 后臼齿<br>第三后磨牙 | 无 | 3～4岁 |

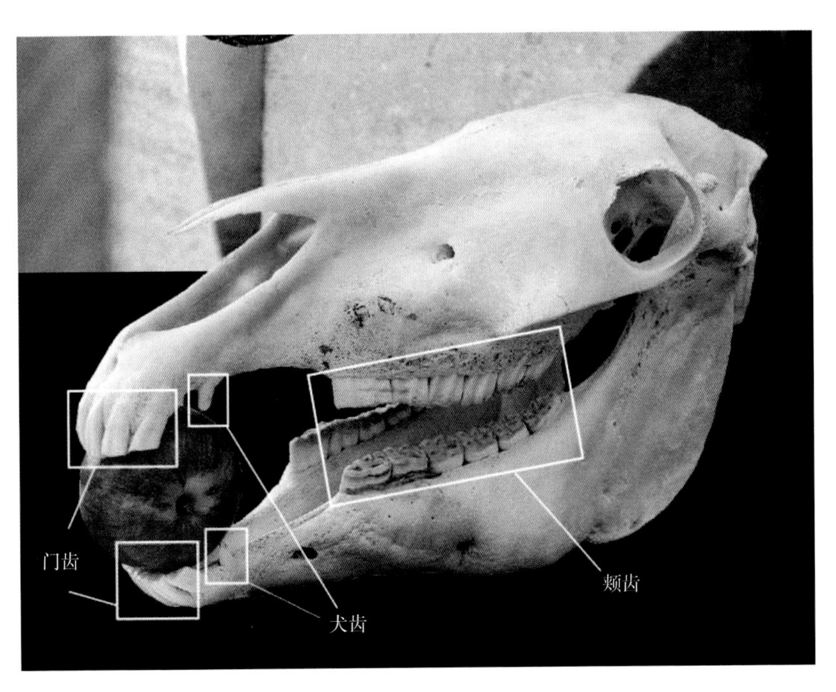


图1-16　牙的模式（图片来自网络，有修改）

## 第四节　驴病现状

近几十年来，我国马属动物疫病防控工作，取得了显著成效，通过实施马鼻疽、马传染性贫血根除计划，2005年底全国21个马鼻疽原疫省全部达到了消灭标准，2013年底全国22个马传染性贫血原疫省中有19个达到了消灭标准，农业农村部已经提出2020年消灭马传染性贫血的计划，我国正在向世界动物卫生组织（OIE）申请无非洲马瘟国际认可。目前，OIE法定报告的马属动物疫病共有22种，其中非洲马瘟为我国农业农村部规定的马属动物疫病中的一类疫病，马传染性贫血、鼻疽等10种为我国农业农村部规定的二类动物疫病，马媾疫和马流感2种为我国农业农村部规定的三类动物疫病。我国与进口国签订的马匹进口协议中，主要涉及以下7种疫病，包括马传染性贫血、马鼻肺炎、马病毒性动脉炎、马流产沙门氏杆菌病（马副伤寒）、马焦虫病（马巴贝斯虫、努巴贝斯虫）、马鼻疽、马媾疫，见表1-9。

根据文献记录（大部分是马的文献资料）、OIE和我国农业农村部列出的马属动物疫病目录，马属动物可能发生的传染病归结为两大类。

第一大类是与其他动物共患的传染病（包括人兽共患病），共12种：流感、沙门氏菌病、布鲁氏菌病、大肠杆菌病、巴氏杆菌病、炭疽病、破伤风、魏氏梭菌病、日本脑炎、疥癣病、支原体病和钩端螺旋体病。

第二大类是只在马属动物发生的传染病，共13种：马鼻肺炎（疱疹病毒Ⅰ型）、马传染性贫血、传染性生殖道泰勒氏菌子宫炎、马脑脊髓炎（东方型和西方型）、传染性淋巴管炎、巴贝虫病、鼻疽病、非洲马瘟、流行性动脉炎（蜂窝织炎）、马媾疫、马腺疫、结核病和伪结核病等，见表1-9。

在驴可能发生的传染病中，多种动物共患的传染病主要有13种，主要在驴上发生的传染病10种，其他可在驴上发生的疫病有7种，见表1-10。

表1-9　OIE法定报告的动物疫病及农业农村部规定的一二三类马属动物疫病

| OIE法定报告的动物疫病 | 农业农村部规定的马属动物疫病 | | |
|---|---|---|---|
| | 一类 | 二类 | 三类 |
| 马传染性子宫炎（Contagious equine metritis） | 非洲马瘟*（African horse sickness） | 马传染性贫血*（Equine infectious anaemia） | 马媾疫*（Dourine） |
| 马媾疫（Dourine） | | 鼻疽*（Glanders） | 马流感*（Equine influenza） |
| 马脑脊髓炎（西方）[Equine encephalomyelitis（Western）] | | 炭疽病*（Anthrax） | 马腺疫（Strangles） |
| 马传染性贫血（Equine infectious anaemia） | | 流产布鲁氏菌病*[Brucellosis（*Brucella abortus*）] | 大肠杆菌病（Colibacillosis） |
| 马流感（Equine influenza） | | 马耳他布鲁氏菌病*[Brucellosis（*Brucella melitensis*）] | 李氏杆菌病（Listeriosis） |
| 马梨形虫病（Equine piroplasmosis） | | 猪布鲁氏菌病*[Brucellosis（*Brucella suis*）] | 类鼻疽（Melioidosis） |
| 鼻疽（Glanders） | | 细粒棘球绦虫病*（Infection with *Echinococcus granulosus*） | |
| 非洲马瘟（African horse sickness） | | 多房棘球绦虫病*（Infection with *Echinococcus multilocularis*） | |

（续表）

| OIE法定报告的动物疫病 | 农业农村部规定的马属动物疫病 | | |
|---|---|---|---|
| | 一类 | 二类 | 三类 |
| 马疱疹病毒-1型（Infection with equid herpesvirus-1）感染 | | 流行性乙型脑炎*（Japanese encephalitis） | |
| 马动脉炎病毒感染（Infection with equine arteritis virus） | | 伊氏锥虫病*（苏拉病）[*Trypanosoma evansis*（Surra）] | |
| 委内瑞拉马脑脊髓炎（Venezuelan equine encephalomyelitis） | | 魏氏梭菌病（Botulism） | |
| 马脑脊髓炎（东部）[Equine encephalomyelitis（Eastern）] | | 弓形虫病（Toxoplasmosis） | |
| 炭疽病（Anthrax） | | 钩端螺旋体病（Leptospirosis） | |
| 流产布鲁氏菌病 [Brucellosis（*Brucella abortus*）] | | 马巴贝斯虫病（Equine piroplasmosis） | |
| 马耳他布鲁氏菌病 [Brucellosis（*Brucella melitensis*）] | | 伊氏锥虫病（*Trypanosoma evansi*） | |
| 猪布鲁氏菌病 [Brucellosis（*Brucella suis*）] | | 马流行性淋巴管炎（Epizootic lymphangitis） | |

（续表）

| OIE法定报告的动物疫病 | 农业农村部规定的马属动物疫病 | | |
|---|---|---|---|
| | 一类 | 二类 | 三类 |
| 细粒棘球绦虫病（Infection with *Echinococcus granulosus*） | | | |
| 多房棘球绦虫病（Infection with *Echinococcus multilocularis*） | | | |
| 流行性乙型脑炎（Japanese encephalitis） | | | |
| 副结核病（Paratuberculosis） | | | |
| 伊氏锥虫病（苏拉病）[*Trypanosoma evansis*（Surra）] | | | |
| 西尼罗河热（West Nile fever） | | | |

注：农业农村部规定的动物疫病中，标注*的同时也是OIE法定报告的动物疫病

表1-10　驴疫病目录

| 多种动物共患的传染病 | 驴传染病 | 其他疫病 |
| --- | --- | --- |
| 驴流感（Equine influenza） | 马鼻腔肺炎（疱疹病毒Ⅰ/Ⅳ型）[Equine nasal pneumonia（herpesvirus I/IV）] | 伊氏锥虫病（Trypanosoma evansi） |
| 沙门氏菌病（Salmonellosis） | 马传染性贫血（Equine infectious anaemia） | 巴贝斯焦虫病（Donkey piroplasmosis） |
| 大肠杆菌病（Colibacillosis） | 传染性子宫炎（Contagious equine metritis） | 马媾疫（Dourine） |
| 巴氏杆菌病（Pasteurellosis） | 马腺疫（Strangles） | 马痘（Horsepox） |
| 布鲁氏菌病（Brucellosis） | 马传染性脑脊髓炎（Equine infectious encephalomyelitis） | 副结核（Paratuberculosis） |
| 螨病/癣病（Acariasis/tinea disease） | 流行性淋巴管炎（Epizootic lymphangitis） | 葡萄球菌病（Staphylocosis） |
| 破伤风（Tetanus） | 鼻疽（Glanders） | 特定血清型的马链球菌病（Streptococcus equi of specific serotype） |
| 魏氏梭菌病（Botulism） | 类鼻疽（Melioidosis） | |
| 炭疽（Anthrax） | 非洲马瘟（African horse sickness） | |
| 传染性乙型（日本）脑炎（Japanese encephalitis） | 流行性动脉炎（Equine viral arthritis） | |
| 衣原体病（Chlamydiosis） | | |
| 支原体病（Mycoplasmosis） | | |
| 钩端螺旋体病（Leptospirosis） | | |

驴对常见的疾病有较强的耐受力，尤其是在传统的散养条件下，由于养殖的数量少而且分散，驴出现传染病的概率低。然而在规模化养驴场（图1-17），由于群体养殖密度的增加，使驴传染病发病几率增加，驴疫病一旦暴发和流行将会给驴产业造成公共卫生安全危机，同时也将给阿胶、驴肉、驴奶等产业带来严重的食品安全威胁和经济损失，因此，在集约化养殖、流动频繁以及动物产品交易国际化背景下，做好疫病防控十分必要。

但长期以来，驴产业在现代畜牧业生产中受重视程度还不够，养驴的组织化程度和规模化程度都较低，散养仍然是主要模式，缺乏科学饲养和管理方法，导致驴整体生产水平低下，主要表现为营养不均衡、饲料报酬低、增重慢、繁殖力不高、出栏率和出肉率低等。当前驴的规模化养殖还没有建立和完善集约化饲养管理综合配套体系，在驴场的标准化建设、自动化养殖和规范化管理等相关配套技术方面都处于起步阶段。

目前有关驴的疫病国内外研究几乎都是空白，这些疫病的易感程度、发病规律、地域分布、诊断方法、检测标准、预防控制和检疫净化措施等相关资料都需要完善，因此必须对规模化养驴过程中出现的主要疫病开展相关基础性和前瞻性研究，制定应对的预防措施。国内刘文强、张伟等学者综合研究表明，腺疫、流感、流产沙门氏菌病、大肠杆菌病和疥癣病是几种常见的与其他动物共患的传染病，但国内外缺乏对疫病发生的基础数据资料和流行趋势分析。笔者课题组对聊城地区规模化驴场，通过RT-PCR发现流感的检出率为32.3%（21/65），获得的流感病毒M基因与马属动物的H3N8亚型流感病毒高度同源（CY032222、CY032318、CY028821等），同源性最高可达99.8%；通过HI试验检测驴血清中的马流感病毒H3N8亚型抗体的阳性率为33.3%（40/120），母驴的马流感病毒H3N8亚型血清抗体阳性率为42.5%（17/40）、公驴为32.5%（13/40）、驴驹为25.0%（10/40）。

OIE列出的马属动物疫病理论上都可以在规模养驴场发生甚至流行。在规模化养殖场，病原微生物的聚集、传播和传入导致地方性流行的可能性是存在的。以前国内外并无驴现代化规模养殖的生产方式，对于驴可能发生的常见普通病、传染性疾病和人兽共患病的流行威胁并不清楚，缺乏流行病学和风险分析资料。由于驴没有被列入主要家畜畜种，驴养殖场所处的农牧区往往也是其他动物养殖的密集区，多种动物共患的传染病也会在这些养殖场之间相互引入和传播，使疫情更加复杂，要吸取其他经济动物养殖发展过程中疫病流行的教训，开展一系列的基础性研究，用于应对突发性传染病所带来的威胁，并可以及时作出补救措施。

图1–17　规模化养驴场

# 第五节　驴病特点

驴系马属动物，因此大多数疾病表现上都较为相似，但是在个别疾病上与其他马属动物也表现出驴的个别特异性，农谚有“铜驴铁骡纸糊的马”之说。如驴对鼻疽敏感，感染后多为急性，感染后很容易引起败血或脓毒败血症，引起死亡。驴在发生疾病时，耐受性比较强，不像马、骡一样表现强烈的反应，在内科、外科及一些传染病上表现都相对较为迟钝，如疝痛临床表现，马表现十分明显，而驴则多表现缓和，驴对日射病或者是热射病表现得非常迟钝，甚至不表现任何症状。由于生理解剖结构的原因驴容易发生结症，小肠细而长，直径4～5cm，大肠短而粗，直径大于20cm，有些地方粗细可相差10倍以上，因大肠、小肠的口径粗细不均，尤其是与回肠相接的回盲口和下与结肠相通的盲结口较小。

判断驴是否正常，重点从平时的吃草、饮水的精神状态和鼻、耳的温度变化等方面进行观察比较。驴头型一般都为直头，头长一般为体高的40%左右，头向一般与地面呈45°，头与颈呈90°，皮薄毛细，皮下血管和头骨棱角明显。耳距短，耳根硬而有力。颈长与头长基本相等。如驴低头耷耳，精神不振，鼻、耳发凉或过热，虽然吃点草，但不喝水，说明驴已患病，应及早诊治。所以，勤于观察对驴病诊断具有很大的帮助，其观察的主要内容有以下几项。

（1）观察驴的精神状态。若驴头颈高昂、精神抖擞、两耳竖立则是健康的表现，否则表明驴可能患病。

（2）饮水情况。饮水的多少对判断驴是否患病具有重要意义。驴吃草少而饮水多则无病，若采食量不减而连续数日饮水减少或不喝水，表明驴要生病。

（3）粪便情况。若粪便呈球状硬度适中，外表湿润光亮则无病。反之如果粪球干燥、紧硬、外被少量黏膜，且喝水减少，则几天后有可能发生胃肠道炎症。

判断驴是否正常还可以将平时吃草、饮水的精神状态与鼻、耳温的变化诸方面结合起来进行观察比较。健康驴总是两耳竖立，活动自如，头颈高昂，鸣声长而洪亮，精神抖擞，口色鲜润，鼻、耳正常和粪球硬度适中，外表湿润光亮，新鲜时草黄色，时间稍久变为褐色。被毛光润。时而喷动鼻翼，即打“吐噜”，俗话说“驴打吐噜牛倒沫，有病也不多”。总之，只有在饲养中勤于观察、细致观察，疫病才能被早发现、早治疗，才能避免经济损失。

## 第六节　驴病防控

### 一、日常管理

饲养员应坚持日常巡查，重点查看驴的精神状态，皮毛状态，粪尿情况，注意运动场的卫生和日常消毒的防疫工作。要加强饲养管理，日粮搭配品种科学、多样化，草料无霉变，不能过饥、过饱、暴食暴饮，还要注意，防止饮大量冰水，出汗不饮，有“霜草能掉驹，空水能催胎”的俗语。因为驴的口裂小，相对身体而言胃容积不大，应少喂勤添，饲料变化时需要逐渐过渡，至少有一周的过渡期。加强通风、保暖，定时刷拭驴体，每隔1.5～2个月视磨损的程度修蹄1次，春、秋两季进行常规驱虫。要按驴的性别、年龄等用途定时定量、分槽定位，如每头种公驴2.5～3.5$m^2$、成年母驴2.5～3.5$m^2$、育肥驴0.6～1.8$m^2$，怀孕或哺乳母驴2.5～3.5$m^2$。

## 二、初步诊断

建立初步诊断的重要步骤，首先要搜集与该疾病有关的病史，现病史的调查从询问现有症状有关的问题开始，既往病史的调查应询问发病之前的情况，了解病史的详细程度和范围，在询问病史时要避免引导式提问，因为最常犯的错误之一是从最初的病史即作出诊断，这种提问是兽医最想要的但并不能反映客观病史。其次要进行全面的体格检查，在已掌握的各种疫病的基础上进行一系列的鉴别诊断，如超声、血清学或分子生物学诊断，这些诊断可帮助确诊。

## 三、常见检查方法

有关驴病的诊断方法同其他家畜一样，包括中兽医的望、闻、问、切和现代兽医学的视、触、听、叩以及实验室检查等。凡兽医临床诊断学方面的有关知识及方法均可使用。本书重点对驴的保定和直肠检查进行介绍。

常用的保定方法（图1-18），包括徒手保定、鼻笼头保定、四柱栏保定和化学药物保定。保定时从驴的左侧前方靠近驴只（禁止从驴的后躯方向靠近防止被踢蹬，注意个别的驴有前蹄趴人的坏习惯），右手抚摸颈侧，并从颈侧逐渐向胸侧抚摸。

直肠检查法（图1-19）主要是柱栏内驴站立保定，系尾并吊立，术者站于正后方，手臂套上橡胶长臂手套或一次性塑料长臂手套，涂抹石蜡油，四指聚拢呈圆锥状，按照“努则退、缩则停，缓则进”方式旋转前伸即可通过肛门进入直肠。在盆腔处可触到膀胱和子宫，通过触摸膀胱和子宫的状态，来判断器官的健康状况。沿子宫颈向前触摸，在正前方摸到一浅沟即为角间沟，沟的两旁为向前向下弯曲的两侧子宫角。沿着子宫角大弯向下稍向外侧可摸到卵巢。这时可用食指和中指把卵巢固定，用拇指肚触摸卵巢大小、质地、形状和卵泡发育情况。要仔细操作，动作要缓慢。在直肠内触摸时要用指肚进行，不能用手指乱抓，以免损伤直肠黏膜。强力努责或肠壁扩张成坛状，应当暂停检查，并用手揉搓按摩肛门，待肠壁松弛后再继续检查。检查完毕摘掉手套，手臂应当清洗、消毒，并做好检查记录。

图1-18　常用的保定方法

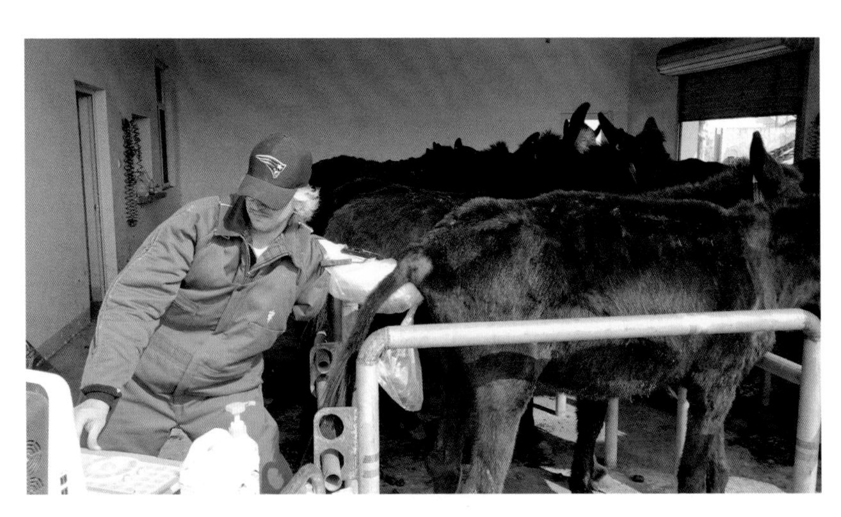

图1-19　直肠检查法

## 四、原则和措施

应坚持预防为主，加强监测，加强饲养管理、档案管理、卫生防疫、预防接种等综合性防控措施，做到疫病的及时发现和治疗，对于传染病的控制重点则是切断造成疫病流行的传染源、传播途径和易感动物的3个基本环节及其相互联系，杜绝和控制传染病的传播蔓延。

疫苗是用细菌、病毒等制成的可使机体产生特异性免疫的生物制剂，通过疫苗接种获得免疫力。国内相关科研机构实验室研制的驴流产沙门氏菌弱毒疫苗、腺疫灭活苗（科研驴用）免疫效果已经得到证实，可以根据本区域、本场的疫病发生情况选用。

## 五、兽药使用准则

临床兽医应遵守我国兽药管理条例的有关规定，兽药凭专业兽医开具的处方使用，所用的兽药是来自具有兽药生产许可证的厂家，注册进口的兽药其质量应符合相关的兽药国家质量标准，严禁使用食品动物禁用的兽药及其他化合物，慎用拟肾上腺素药、平喘药、抗胆碱药、肾上腺皮质激素类药和解热镇痛药。使用兽药应做好用药记录，包括用药的名称，商品名和通用名，剂型剂量，给药途径，药物的生产企业产品的批准文号，生产日期，批号等，使用兽药均应建立用药记录档案并保存一年以上。发现可能与兽药使用有关的严重的不良反应时，应立即向所在地人民政府兽医行政管理部门报告。

禁止将原料药直接添加到饲料及动物饮用水中或直接饲喂动物。具有预防动物疫病、促进动物生长作用，可在饲料中长时间添加使用的饲料药物添加剂，其产品批准文号须用“药添字”，这些产品必须在产品标签中标明所含兽药成分的名称、含量、适用范围、停药期规定及注意事项等。用于防治动物疾病，并规定疗程，仅是通过混饲给药的饲料药物添加剂（包括预混剂或散剂），其产品批准文号须用“兽药字”，各畜禽养殖场及养殖户须凭兽医处方购买、使用，所有商品饲料中不得添加这些药物。兽药不得直接加入饲料中使用，必须制成药物预混剂。临床上多用可进入细胞内或穿透力强的药物包括：喹诺酮类、四环素、红霉素、阿奇霉素、强力霉素、甲氧苄氨嘧啶等穿透力强的抗菌药。

本书根据临床上发病的原因，将驴病分成普通病，如内科病、外科病、营养代谢病等在内的非传染性疫病，以及具有传播特点的传染病和寄生虫病及其他疾病。

# 第二章 普通病

## 第一节 腹 泻

### 一、病 因

引起腹泻的原因比较复杂，例如，天气、应激、过食、摄入不洁的水和饲料等。引起感染性腹泻的病原菌大多属于条件致病菌。目前在驴临床上发现副伤寒沙门氏菌、大肠杆菌等食源性感染的传染病病原是引起腹泻病的病因，其中，沙门氏菌属主要侵害怀孕母驴及6个月内的驴驹，引起母驴流产和驴驹腹泻；埃希氏菌属的致泻性大肠杆菌通常与其他病原体混合感染或发生继发感染，引起急性败血症和肠炎。

### 二、发病特点及诊断

患病与带菌动物是本病的主要传染源，经口感染是其最重要的传染途径，而被污染的饲料饮水则是传播的主要媒介物。本病主要通过其消化道传播，如未经发酵处理的粪便，粪便污染的圈舍、饲料、饮水、运动场，主要引起败血症、肠炎。本病一年四季均可发生，多雨潮湿季节更易发，在驴群中一般散发或呈地方流行。环境污秽、潮湿、棚舍拥挤、粪便堆积、饲料和饮水供应不及时等应激因素易促进本病的发生。患病的主要特征为病驴精神沉郁、呆立不动、发热和共济失调，腹泻是较常见的表现，粪便带多量黏液或血迹；驴驹也常发生关节肿大、支气管肺炎。病理学病变主要是出血性肠炎，肝脏硬肿和实质变性，心肌和肾脏变性。幼驹因此病发生的腹泻较为常见，引起的病死率也较高。常用的诊断方法主要是采集粪便样品进行常规的细菌分离鉴定，使用选择培养基进行鉴别诊断；通过PCR方法、夹心ELISA血清学等诊断方法。

对腹泻发病驴进行临床诊断发现，腹泻驴驹具有精神沉郁、厌食，发生黏膜性黄色腹泻（图2-1a）、水样腹泻（图2-1b）、奶样腹泻（图2-1c）以及带血样腹泻（图2-1d）等不同类型腹泻、脱水严重不能站立等症状。剖检后，肝脏呈暗色、脾脏出血（图2-2a、图2-2d）、小肠黏膜脱落（图2-2b）、败血症（图2-2c）、盲肠黏膜脱落（图2-2e）、直肠黏膜脱落（图2-2f）、胃黏膜脱落并有草料不能排出（图2-2g、图2-2h）等症状；采集发病驴的肠道，制作病理切片观察发现有十二指肠黏膜脱落（图2-3a）、水肿（图2-3b）、盲肠黏膜脱落（图2-3c）、有大量单核细胞出现（图2-3d）等症状。

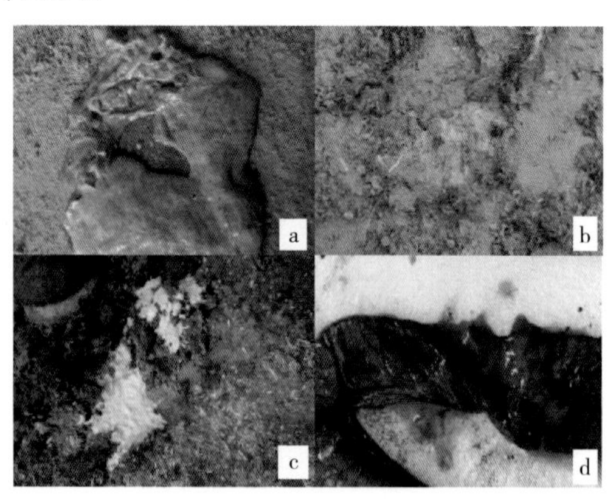

**图2-1　腹泻粪便类型**

a.黏膜性黄色腹泻；b.水样腹泻；c.奶样腹泻；d.带血样腹泻

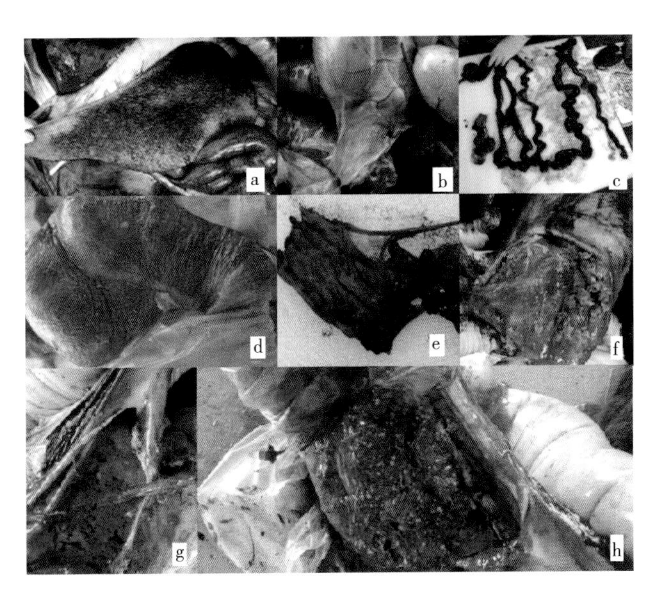

图2-2　剖检内脏病变情况

a.肝脏呈暗色；b.小肠黏膜脱落；c.败血症；d.脾脏出血；e.盲肠黏膜脱落；f.直肠黏膜脱落；g、h.胃黏膜脱落并有草料不能排出

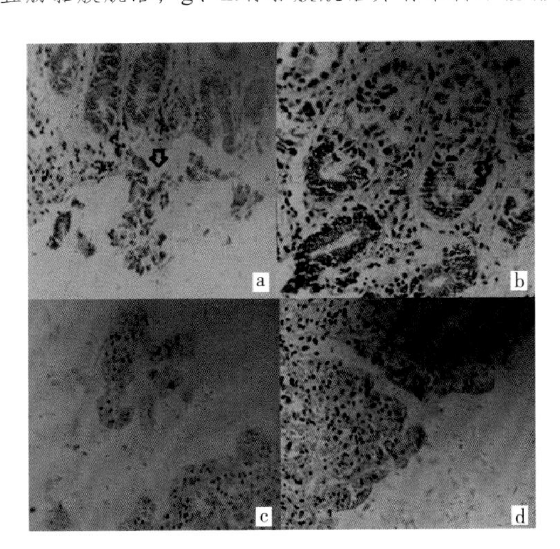

图2-3　肠道组织病理学（HE40×）

a.十二指肠黏膜脱落；b.水肿；c.盲肠黏膜脱落；d.出现大量单核细胞

## 三、防治措施

防治本病首先应加强饲养管理，改善卫生条件，对污染的驴舍、运动场及饲喂用具等进行彻底消毒，消除促使本病发生的各种因素，治疗时以支持治疗并解决菌血症、败血症及内毒素血症为治疗原则。分析饲料因素看是否摄入了谷类（淀粉）饲料过多，引起盲肠和后段肠管酸中毒，导致粪便pH值低于6.4，可适当调整降低谷类饲料，增加粗饲料。

对于常见的细菌性腹泻，主要治疗措施以支持治疗为主，包括补液（纠正脱水、电解质和酸碱失衡）、使用水杨酸类、苯胺类、吡唑酮类镇痛消炎药，抗生素如庆大霉素、头孢噻肟钠等药物。中兽药可以使用包括乌梅散、博落回、白头翁散、黄连解毒汤等。微生态制剂、多种维生素添加在饲料或饮水中，有助于改善驴的胃肠道功能。

# 第二节　结　症

## 一、病因

肠道阻塞、便秘都属于结症范畴，是粪便在肠道内不能后移，致使肠气不通，引发臌气、腹痛的一种疾病。主要原因：肠道口径粗细不一，如回盲口和盲结口较细，当饲喂不当，过饥过饱、饲料坚硬粗糙难以消化、突然改变饲养方式或饲料变质等均可引起本病；饮水不足，消化液分泌减少，影响正常消化；长期运动不足，肠道运动机能减退；天气突变，机体一时不能适应，引起消化紊乱。多见于大肠，大结肠容易阻塞的部位在胸骨曲、骨盆曲、膈

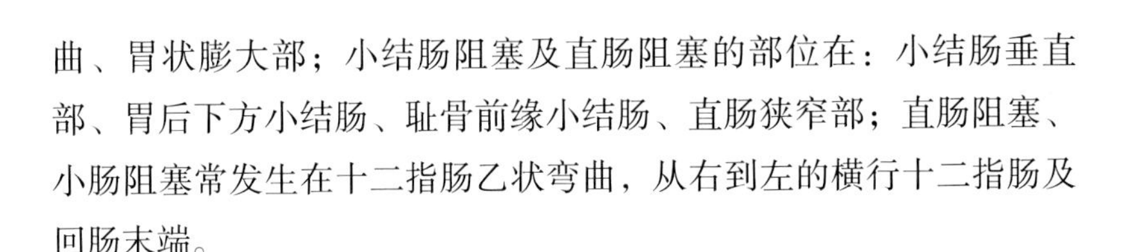


曲、胃状膨大部；小结肠阻塞及直肠阻塞的部位在：小结肠垂直部、胃后下方小结肠、耻骨前缘小结肠、直肠狭窄部；直肠阻塞、小肠阻塞常发生在十二指肠乙状弯曲，从右到左的横行十二指肠及回肠末端。

## 二、发病特点及诊断

由于阻塞部位和阻塞物性质不同，其临床症状也有差异。大肠秘结时，发病较缓，病初排少量干硬的粪球，后停止排粪，食欲减少直至废绝。患驴口腔干燥有苔，精神沉郁，严重时腹痛呈间歇状起卧，有时横卧四肢直伸，尿量由少到无，体温39.6℃，听诊肺部呼吸音粗，心音增强，心跳加快，大肠蠕动音减弱或消失，腹胀明显，直肠检查肠壁干燥。小结肠便秘时，发病急，腹痛中等或剧烈，口腔干燥，食欲废绝，继发肠膨胀后，腹围膨大。胃状膨大部便秘时，病程慢，腹痛轻微，多为不完全阻塞。直肠便秘时，腹痛轻微，患驴不断挺举尾巴做排粪努责姿势。以上便秘均可通过直肠检查确诊，在诊断过程中除以上检查外，一般还需要插胃管检查以排除其他腹痛疾病（图2-4）。

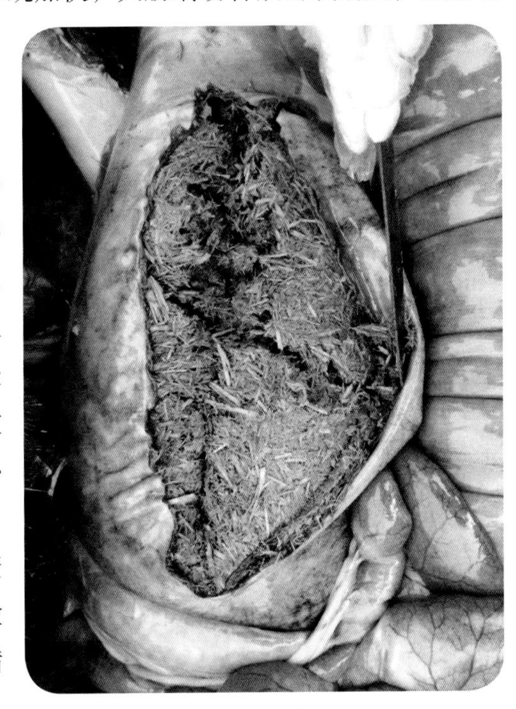

图2-4　肠梗阻

### 三、防治措施

治疗结症一般采取“疏通、镇静、减压、补液、护理”的综合防治措施，一旦发生本病应及时就诊，在实践中应灵活应用，可采用药物、直肠按压、灌肠等方法，捶结术在治疗本病中往往会起到意想不到的效果。采用按压、握压、切压、捶结和直取等手法疏通肠道，当手触摸到阻塞物时，术者将阻塞物固定在手掌用力压迫到腹侧，这时由助手握拳在腹部凸出部猛击，如此反复几次，直到阻塞物移位，术者感觉有气体排出时即可结束手术，手术结束后患畜在30min内频繁放屁排气，腹胀臌气症状明显减轻。

常用的药物有脂肪酸钠（肥皂主要成分）、2%硫酸钠溶液、2%氯化钠溶液、液体石蜡。上述药物加入适量鱼石脂、松节油或大黄末，可增加疗效。西医可静脉注射氟尼辛葡甲胺，分组静脉滴注补充动物液体流失。中药可采用大承气汤（大黄12g、厚朴24g、枳实12g），水煎，先煮厚朴、枳实，大黄后下，煎好后三味药取汁加入芒硝（9g）候温灌服，同时直肠灌入5～10L微温水或生理盐水，软化粪便，兴奋肠管，利于粪便排出。

## 第三节　流　产

### 一、病因

在正常的妊娠期间，母体除了维持自身的生命活动以外，还要供给胎儿发育所需要的物质及正常环境，由于胎儿或母体的生理过程发生扰乱，使它们之间的生理环境平衡遭到破坏，就会发生妊娠期疾病，继而导致流产。导致发生流产的因素很多，相互抵撞、剧烈运动等一些外力造成机械性流产，饲养营养不良性流产，医源性流产，霉菌毒素流产，子宫内膜炎等生殖器官炎症造成的流产，流产沙门氏菌、疱疹病毒等一些传染性疾病导致的流产。

## 二、发病特点及诊断

流产可发生在母驴妊娠期的任何时期，但以怀孕4～6个月最为多见。

妊娠早期发生流产，胚胎往往被吸收，不易发现临床症状。妊娠后期发生流产，流产前2～3d从阴门流出带血的黏液，阴唇肿胀，流产时出现腹痛、拱腰、努责，流产胎儿多为死胎，流产后阴道排出黏性或脓性分泌物。接近预产期发生的流产，产出的胎儿大都是活胎，但常因胎儿衰弱而很快死亡。少数母驴由于继发性败血症而死亡（图2-5）。

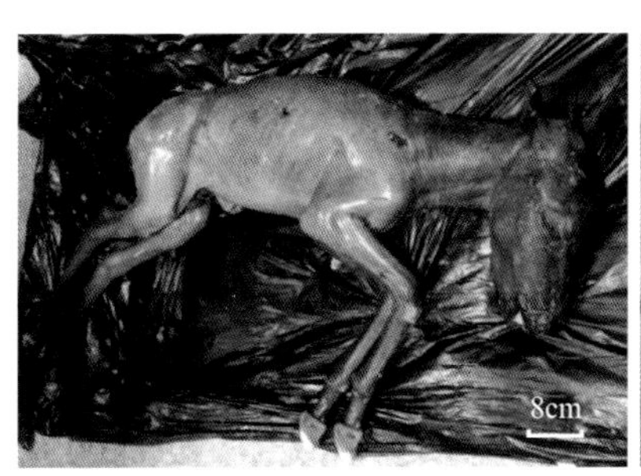

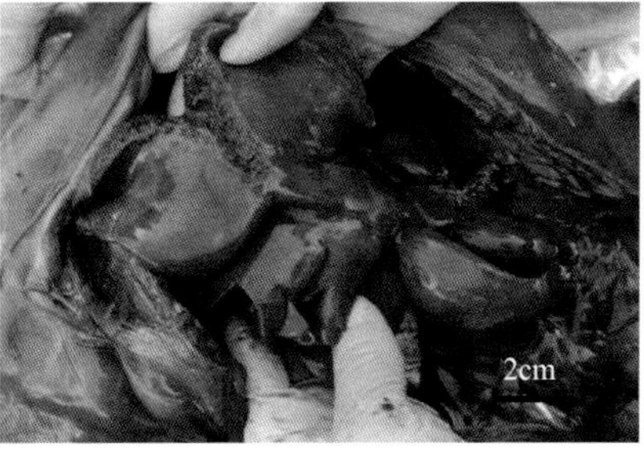


图2-5　流产驴驹（肝脏肿大、质脆、易碎）

## 三、防治措施

配种时要严格遵守操作规程，针对可能产生流产的因素进行防范。增强妊娠母驴的运动量。严格执行兽医卫生防疫措施，发病母驴应严格隔离并进行治疗。流产胎儿、胎衣以及污染物等要及时清除并进行无害化处理，圈舍进行彻底的消毒处理。流产后应在规定时间内冲洗子宫，投入抗生素，防止产后子宫内膜炎和败血症的发生。

## 第四节　妊娠毒血症

### 一、病因

驴妊娠毒血症是一种代谢紊乱疾病，病因是由于缺乏青绿饲料，饲草质劣，精饲料太少，品质单纯，尤其是蛋白质饲料少，品质差，加上不使役、不运动、导致肝脏机能失调，形成高血脂、脂肪肝。

### 二、发病特点及诊断

主要发生在母驴怀孕后期，以产前数天到1个月左右发病的居多，其中产前半个月左右发病的占65%以上。临床症状是产前不食，致使病情逐渐恶化，可分为轻症和重症两种。其中，轻症症状：精神不振，不喜走动，食欲减退，排粪大多正常，尿少、色黄，结膜鲜红或潮红，心跳加快，体温基本正常。重症症状：精神极度沉郁，头低耷耳，呆立不动或卧地不起，结膜暗红或污黄色；食欲减退废绝，口干燥，少数流涎，粪球干黑，病的后期排粪干稀交替，味极臭，多数呈暗灰色或黑稀水，尿少、色黄；患病母驴一般在产后即开始恢复食欲，也有的两三天后开始好转，有时发生早产，也有的母驴持续到分娩即母子双亡。重症母驴分娩时阵缩无力，难产较多，发生流产。

根据血浆或血清的颜色和透明度出现的特征变化，再结合妊娠史和症状，可以作出临床诊断。将采集的血液置于小瓶中，静置20～30min进行观察。病驴的血清或血浆呈不同程度的乳白色、混浊、表面带有灰蓝色，将全血倒于地上或桌面上，其表面也附有这种特征颜色。病驴血浆则呈现暗黄色、奶油状。

尿多呈酸性和酮尿，天门冬氨酸转氨酶（AST）活性升高，总胆红素升高，血糖和白蛋白减少。血酮随着疾病严重程度而升高（病驴从76.9mg/L增加到451.6mg/L），高脂血症。剖检病死家畜，血液黏稠，凝固不良，血浆呈不同程度的乳白色。实质器官及全身静脉充血、出血。肝、肾均出现严重的脂肪浸润（图2-6）。

图2-6 妊娠毒血症

## 三、防治措施

由于该致病因素尚未十分明确，所以治疗比较复杂、困难，虽然临床上曾用过不少的中西方剂，但尚无特效的治疗方法，死亡率较高。本病最根本的防治措施是加强妊娠母驴的饲养管理，提高日粮营养水平，尤其是蛋白质、维生素水平以满足其需要，同时要加强运动，加强护理提高疗效，粗放管理可使病情恶化。由于病驴产前不食，导致分娩时虚弱，阵缩无力，流产、难产及胎儿出生后死亡较多。因此应尽可能使其每天能吃几口草料，饲料要多样化，注意补充青饲料，分娩时特别注意观察和助产。此外，孕驴分娩后有时发生肠变位或腹痛，应注意护理并及时治疗。预防改善饲养条件，饲料力求全面并按孕驴生理特点配给，对妊娠后期的母驴应使其适当运动。产前1～2个月，应定期检验血脂及酮尿，以便早发现、早处理。

## 第五节　外源性创伤

### 一、病因

驴胆小敏感属神经质动物，对外界应激反应强，因争斗、滑（跌）倒、配种，在打击、冲击等外力的作用下使驴体表或深部器官的皮肤或黏膜发生破坏或组织形成缺损，使关节韧带和关节囊或关节周围软组织发生非开放性挫伤或造成肢蹄的开放性创伤。

### 二、发病特点及诊断

创伤包括开放性损伤（创伤）和非开放性损伤（挫伤、血肿、淋巴外渗）。见图2-7。

创伤面受到污物污染，发生细菌感染症状，严重时表现为创缘及创面肿胀、创口处有脓汁流出。病驴站立时，受伤侧因疼痛肢足尖着地，驱赶运动时呈跛行。触诊受伤部位肿胀、体温升高，受伤部位疼痛剧烈明显可视。

挫伤由于受伤的程度与部位不同，其临床表现也不同。主要症状为局部肿胀、疼痛，有的地方被毛脱落或皮肤表层破损。发生血肿时，受伤部位呈明显的波动感并饱满有弹性，穿刺可排出血液。发生淋巴外渗时，受伤部位呈明显的波动感，皮肤不紧张，炎症反应轻微，穿刺液为橙黄色稍透明的液体，或混有少量血液，析出纤维素样组织。

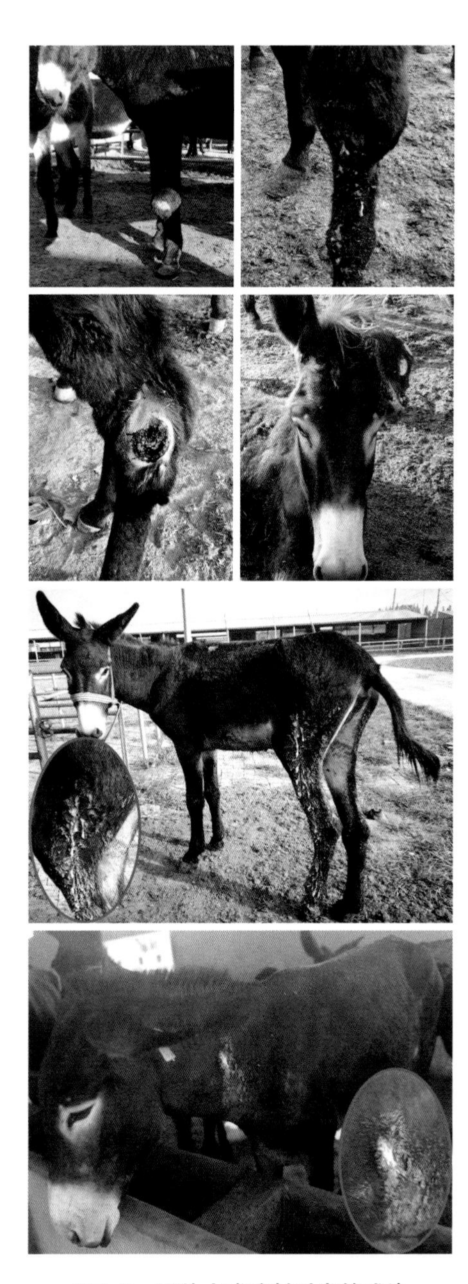

图2-7　因外力或注射引发的感染

## 三、防治措施

原则上避免外力引起机体组织器官产生解剖上的破坏，预防创伤感染，消除影响创伤愈合的因素。治疗原则上以抗休克、纠正水电解质的平衡，进行局部治疗、全身治疗，加速创伤愈合，做到早处理，争取一期愈合或缩短二期愈合时间。开放性创面需要止血清创，可用0.1%的高锰酸钾、3%的双氧水冲洗，空间狭窄的可用3%的硼酸、2%的乳酸等冲洗，防止厌氧菌的感染，必要时包扎缝合，同时注射破伤风抗毒素，用青霉素、链霉素等基础抗生素进行全身治疗。非开放性的血肿可在3～5d后穿刺排出积血，注入抗生素、肾上腺皮质激素类药物如糖皮质激素氢化可的松；淋巴外渗，用注射器抽出淋巴液后，注入95%的酒精或1%的酒精福尔马林液，促进淋巴液凝固堵塞淋巴管，阻止淋巴液持续流出。

# 第六节　阴道（直肠）脱垂

## 一、病因

### （一）阴道脱垂

阴道脱垂为阴道壁的部分或全部（完全脱出）凸出于阴门或阴门之外。阴道脱垂与多种因素有关，如解剖因素、营养发育不良、年老衰弱，易出现肛提肌和盆底筋膜薄弱无力；由于种种原因使腹内压过高，如便秘、腹泻、胎儿过大、胎水过多、努责过度等，导致腹压升高推动阴道向体外脱出。

### （二）直肠脱垂（脱肛）

脱肛是直肠末端的黏膜或直肠一部分或大部分，从肛门向外翻

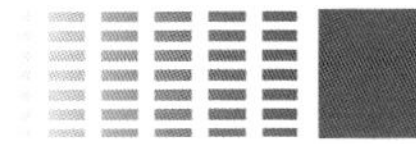


转凸出的一种疾病。多种原因综合导致的结果，主要是直肠韧带松弛，直肠黏膜下层组织、肛门括约肌松弛和功能不全，导致直肠和肛门周围的组织与肌肉连接薄弱，发生黏膜性脱垂。

## 二、发病特点及诊断

阴道（直肠）外脱多发生在弱驴、病驴、老驴和怀孕末期的母驴上，常伴有全身症状，体温升高，食欲减退，精神沉郁，频频努责做排粪姿势，该病视诊即可诊断。

阴道外脱在阴门外凸出一排球大的囊状物，表面光滑，粉红色，病畜起立后也不能缩回。脱出的阴道，由于长期不能缩回、瘀血，很快发紫，黏膜开始坏死，水肿变白，因受摩擦及粪尿污染，血管破裂、流血，久之，坏死、糜烂（图2-8）。

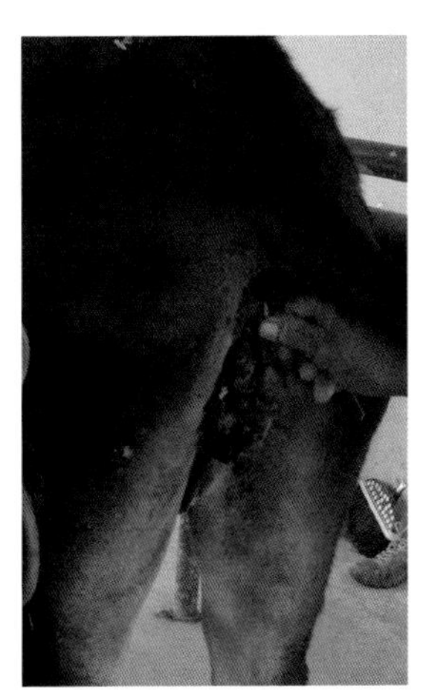

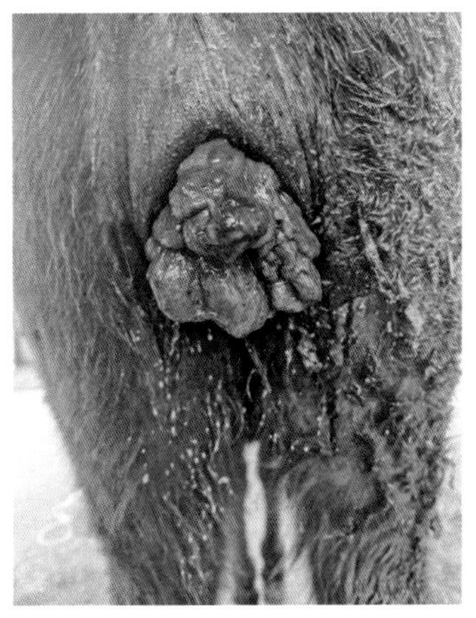

图2-8　阴道脱垂

脱肛时直肠黏膜的皱壁往往在一定时间内不能自行复位，脱出的黏膜发炎，很快在黏膜下层形成水肿，随着炎症和水肿的发展则直肠壁全层脱出即直肠完全脱垂，由于脱出的肠管被肛门括约肌挤压，从而导致血液循环障碍，水肿更加严重，甚至并发肠套叠或者直肠疝（图2-9）。

图2-9　直肠脱垂

## 三、防治措施

原则是消除和控制原发性致病因素，及早采取整复、固定措施，保持大便通畅。病初要及时治疗便秘、下痢、阴道脱重等，注意饲喂青草和充分饮水，发生黏膜性脱出初期对脱出的部位及时整复，视情况可注入70%的酒精或10%的明矾溶液使周围结缔组织增生，对阴道（直肠）还纳复原后，在阴门（肛门）给予温敷。在整复后仍然继续脱出，可在阴门（肛门）周围做荷包缝合进行固定。对于脱出的时间较长，水肿严重，发生黏膜干裂坏死的病例，要先用温肥皂水洗净患部，用0.1%高锰酸钾溶液或0.05%～0.1%新洁尔灭冲洗等外用消毒溶液冲洗脱出物，剪除坏死的黏膜，对水肿位置用注射针乱刺，控制0.5mm深长，缓慢挤压放血水整复，也可用食用糖洒于黏膜表面，利用渗透压力消肿，涂布1%～2%的碘石蜡油润滑，然后轻轻用手将脱出物还纳，用荷包缝合法（Buhner氏法）将外阴缝合，术后用抗生素防止感染。

# 第七节　肢蹄病

## 一、病因

肢蹄病发病原因复杂，危害日益突出，是规模集约化养殖饲养管理重要的环节之一。蹄角质由上向下不断的生长，一般平均每月生长8mm，蹄角质的生长速度受驴的品种、年龄、性别、健康状况、饲养管理、季节、环境条件及蹄部卫生等诸多因素的影响，如受个体体质等遗传因素制约，与地面平整舒适度、体型差异、环境病原微生物、青贮饲料饲喂等对肢蹄病发病率的影响均显著。研究表明，摄取的饲料营养对肢蹄病发病率有显著影响作用，80%的蹄叶炎是由于过量摄入含有可溶性、快速发酵的碳水化合物的谷类饲料所致；营养因素决定蹄壁的硬度和强度，同时影响蹄角质矿物元素成分，是肢蹄病发病的一个原因所在。日粮中缺乏维生素以及日粮结构的不合理（钙磷比例失调、锌的摄入量偏低）都是影响肢蹄病发病的原因所在，创伤修蹄、季节、年龄等对肢蹄病发病率的影响均不显著。肢蹄发病诱因较多，除非进行严格的控制试验研究，否则很难解释清楚蹄病的发病机理。

## 二、发病特点及诊断

肢蹄病是四肢和蹄部所发生一系列病变的总称，常常表现为患畜肢蹄关节变形脓肿、运步姿势异常、精神焦躁，日渐消瘦、生产性能下降，最后因疼痛跛行、卧地不起而被迫淘汰。常见的肢蹄病以外伤、蹄叶炎、蹄底糜烂、蹄底溃疡、变形蹄等为主，临床表现主要是跛行、姿势异常、蹄裂、变形、肿胀、破溃等，其中蹄变形是主要肢蹄病型，根据临床症状和饲养管理史诊断本病并不困难。

蹄变形前蹄发生率较高的变形蹄为长蹄、宽蹄、翻卷蹄（趾）；后蹄发生率较高的变形蹄为长蹄、翻卷蹄（趾）、宽蹄（图2-10）。有研究结果表明，蹄变形与患蹄叶病的动物数呈显著相关性。蹄叶炎是蹄壁真皮，特别是蹄前半部真皮的弥漫性非化脓性炎症。常见两前蹄同时发病，也有两后蹄或四肢同时发病。驴偶有发病且多见于种公驴。

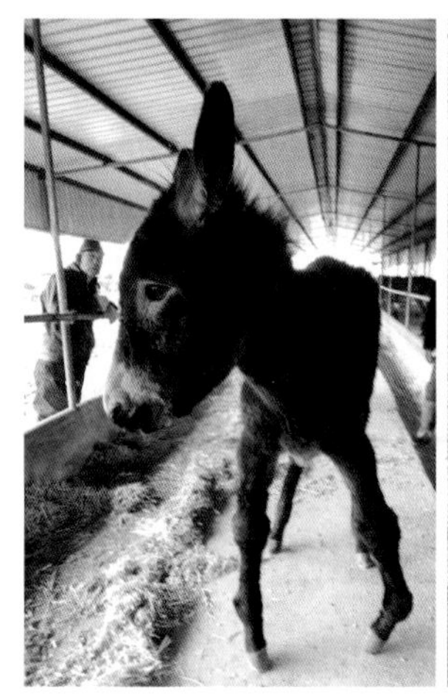

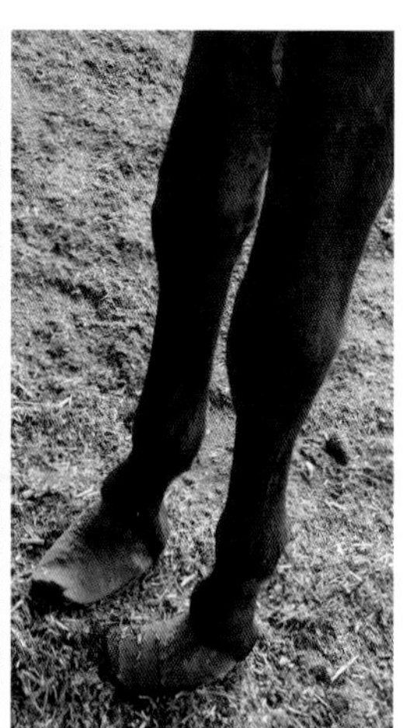

图2-10　变形蹄

## 三、防治措施

肢蹄病要采取提前预防、早发现、早治疗的策略。饲料结构要合理搭配，适当增加鱼骨粉、磷酸二氢钙等动物性和矿物质饲料，可使机体中锌、铜、锰含量升高，抗氧化水平和免疫水平增强，蹄角质硬度增加，关节损伤降低。因为蹄叶的连接靠钙来加固，蹄冠的再生长和硬化靠维生素H来促进，所以建议每100kg体重添加磷酸钙20g和生物素3mg，可每日添加4kg以上的苜蓿和生物素满足需求。加强圈舍管理，做好环境消毒和蹄浴卫生，保障运动场12～15头/100m$^2$的饲养密度，舍内铺设一定厚度沙土，缓解肢蹄压力。

预防性和功能性修蹄，浴蹄是预防蹄病的重要措施。浴蹄的药物有福尔马林或4%～6%硫酸铜溶液。修蹄方法可参照荷兰奶牛修蹄法，将蹄底厚度修整至7mm，暴露白线，内外侧蹄趾与白线连接部位的角质至少留1.8cm厚，并与肢体的长轴成垂直夹角，蹄正面中间，从蹄冠到趾尖的距离一般为7.5cm。正常蹄形削蹄后，要求前蹄的角度为45°～50°，后蹄的角度为50°～55°。蹄尖壁与蹄踵壁的长度比例，前蹄约为2.5∶1，后蹄约为2∶1（图2-11）。

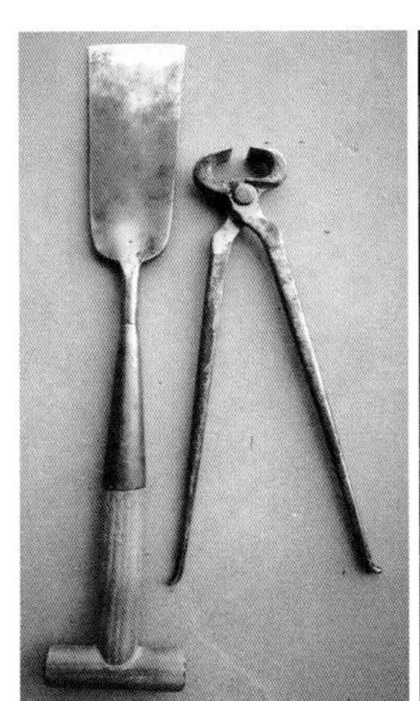  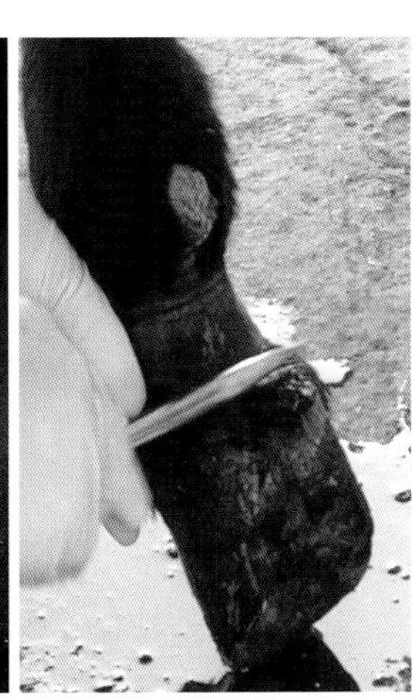

**图2-11　修蹄处置**

蹄叶炎、蹄底糜烂、蹄底溃疡发生后，剪除松散多余及糜烂的角质层，有效去除蹄壳表面及藏匿于角质裂隙内的致病微生物，用3%来苏儿水、5%双氧水、1%硫酸铜水溶液或1%高锰酸钾水溶液彻底清洗，局部外部涂抹杀菌，全身性的抗菌药治疗可用磺胺类药物或其他抗生素静注、肌注。

肢蹄外源性创伤发生后，应在8 ~ 24h内及时处置防止发生感染，受伤初期，可用压迫绷带或冷却法以制止渗出，对其创口实施严格消毒，可采用2%高锰酸钾液或3%双氧水清洗伤口，并注射抗破伤风抗毒素，预防量为6 000 ~ 12 000IU，治疗量为60 000 ~ 300 000IU（3岁以下减半使用）。需用抗生素治疗的可按体重肌内注射青霉素10万 ~ 20万U/kg、链霉素1万U/kg、30%安乃近5 ~ 10ml/kg，2次/d，连用3d，或者按体重对病变局部环状封闭注射普鲁卡因青霉素30 000U/kg，1次/d，连续使用3d。

## 第八节　破伤风

### 一、病因

由破伤风梭菌引起的一种急性、中毒性人畜共患传染病。破伤风梭菌的形态特点是芽孢位于菌体顶端，大于菌体直径，状如鼓槌，周身鞭毛，无荚膜，菌体细长，长4 ~ 8μm，宽0.3 ~ 0.5μm。破伤风梭菌以芽孢形态广泛存在于大自然，在土壤中存活几十年，可产生破伤风外毒素，即痉挛毒素和溶血毒素，其中破伤风痉挛毒素是目前已知最强的细菌毒素。本菌繁殖抵抗力不强，一般消毒药即可将其杀死。

### 二、发病特点及诊断

马属动物破伤风病感染率最高，常经畜体创口而浸入其组织内后分泌破伤风细菌毒素而致病。该病潜伏期一般为1 ~ 2周，短的1d（新生幼驹），无季节性特点，以阴雨潮湿时多发。

诊断主要靠外伤史及典型的临床表现，主要特征是病驴全身

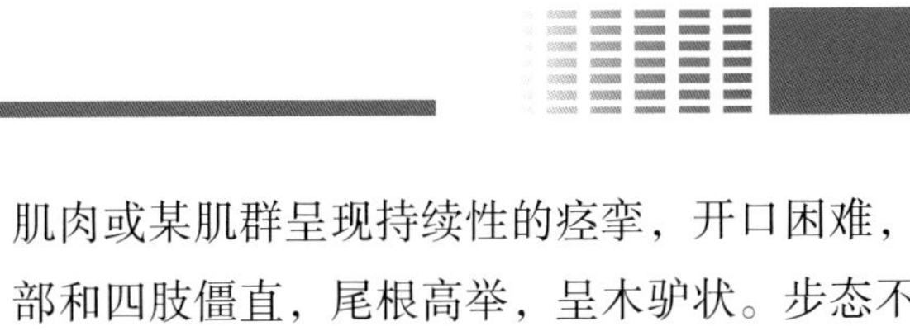

肌肉或某肌群呈现持续性的痉挛，开口困难，采食和咀嚼障碍，颈部和四肢僵直，尾根高举，呈木驴状。步态不稳，运动显著障碍，转弯或后退更显困难，容易跌倒。其应激性明显升高，反射机能亢进。病程延长到2周以上时，经过适当治疗，常能痊愈。如在发病后2～3d内牙关紧闭，全身痉挛，心脏衰竭，又有其他并发症者，多易死亡（图2-12）。

## 三、防治措施

种畜或处于危险外伤可能中的驴应坚持定期注射破伤风抗毒素，繁殖用的母驴可在分娩前4～6周免疫1次，预防生产时的创伤并且也可以通过初乳使幼驹获得免疫力。发生外伤及时处理，防止本病发生，一旦发生外伤应及时治疗并注射预防量破伤风抗毒素来中和毒素，预防用量为6 000～12 000IU，治疗用量为60 000～300 000IU（3岁以下减半使用）。解痉镇静：病情表现为轻度痉挛畜体可静注25%硫酸镁，中度痉挛畜体则可辅以肌注氯丙嗪，重度痉挛畜体则可静注8%水合氯醛。现在也可使用地西泮控制痉挛。消灭病原：肌注大剂量青霉素，每天2次，连用4d。

图2-12　脐漏

# 第九节　霉菌毒素中毒

## 一、病因

一种霉菌毒素中毒病。本病是由于饲喂霉变饲料所引起的以神经症状为主要表现的一种中毒病。据统计，已知的霉菌毒素有300多种，常见的有黄曲霉毒素、玉米赤霉烯酮、赭曲霉毒素、呕吐毒素等。驴对霉变玉米中毒特别敏感，常在玉米收获季节又遇阴雨连绵时多发。其病原为寄生于玉米粒中的镰刀菌和念珠霉菌（图2-13）。

图2-13　霉变的饲料

## 二、发病特点及诊断

有饲喂霉变玉米的历史，主要以中枢神经症状为主。病初食欲减退，精神不振，呆立不动，走路摇摆，有共济失调现象，检测体温多数正常，随着病程的发展，进而出现明显的神经症状，如舌

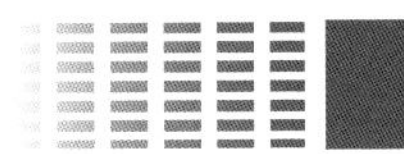


露口外、流涎，垂头呆立呈昏睡状态、精神高度沉郁，有时狂躁不安，前冲后退或转圈。潜伏期1～6周，病程短促，经过几小时到1～2d死亡。病理剖检：肝脏肿大，呈淡黄褐色，边缘变钝，有坏死灶；胃底部出血严重；肾脏肿大出血；小肠黏膜有出血斑点，大肠黏膜出现严重弥漫性出血，水肿；心脏表面有出血点；脾脏肿大，出血；妊娠后期母驴往往发生流产或早产，早产幼驹，可视黏膜蓝紫色，齿龈、舌下有出血点，耳尖及四肢末端发凉，不能站起。

## 三、防治措施

立即停喂霉变饲料，更换新饲料，饲料中添加脱霉剂，其中黄曲霉毒素降解产物无免疫抑制和致突变活性，证实降解菌及产物无毒害作用，显著缓解黄曲霉毒素中毒；玉米赤霉烯酮降解产物无促催乳素分泌和致生殖器官水肿效应，降解菌及产物安全无毒，显著缓解玉米赤霉烯酮中毒；呕吐毒素降解产物无致消化道水肿和抑制采食效应，降解菌及产物安全无毒，显著缓解单端孢霉烯族毒素中毒。对症治疗，严重的个体静脉注射葡萄糖生理盐水、10%～20%葡萄糖及40%乌洛托品液起强心解毒作用，可内服硫酸钠或人工盐缓泻以促进毒物排出。

# 第三章 传染性疾病

## 第一节 腺疫（喷喉）

### 一、病因

由马链球菌马亚种（马腺疫链球菌*Streptococusegui*）引起的一种急性接触性传染病，为条件致病菌，系链球菌属C群成员，属于三类动物疫病。菌体呈球形或椭圆形，革兰氏染色阳性，有荚膜，在病灶中菌体呈长链串珠状，在培养物和鼻液中为短链。该菌对外界环境抵抗力较强，脓汁中可存活数周，对热抵抗力不强，煮沸立即死亡。根据马链球菌的遗传特性的研究表明，几个亚种均是由马链球菌兽疫亚种变异而来。

### 二、发病特点及诊断

腺疫典型病例以发热，上呼吸道黏膜发炎，颌下淋巴结肿胀为特征，又称喷喉、槽结，在我国明代《元亨疗马集》七十二症中的第四十一症中就有所论述。腺疫主要通过被污染的饲料及饮水经消化道感染，多流行于每年的冬末春初气温多变的季节（一般在9月开始延续到翌年的3—5月），主要感染刚刚断奶至3岁的驴，其中1岁左右的幼驹发病率最高。发病初期表现为精神沉郁，典型临床症状为鼻、咽黏膜有出血斑点和黏液脓性分泌物，在鼻孔周围形成脓痂，上呼吸道及咽黏膜呈现表层黏膜的化脓性炎症（体温：39～41℃，心跳：80～110次/min，呼吸：50～80次/min），头部淋巴结肿胀形成脓肿，尤其是下颌淋巴结或咽后淋巴结急剧肿胀，呈鸡蛋或拳头大，充满整个下颌间隙，其周围炎性肿胀剧烈，甚至波及到颜面和咽喉部，致呼吸与吞咽困难，饮水和采食时易从鼻孔返流，易致异物性肺炎。随着疾病的发展，脓肿的中心被毛脱落，渗出淡黄色浆液，破溃流出大量黄白色黏稠的脓液，创腔内肉芽组织增生，整个病程3～4周（图3-1）。

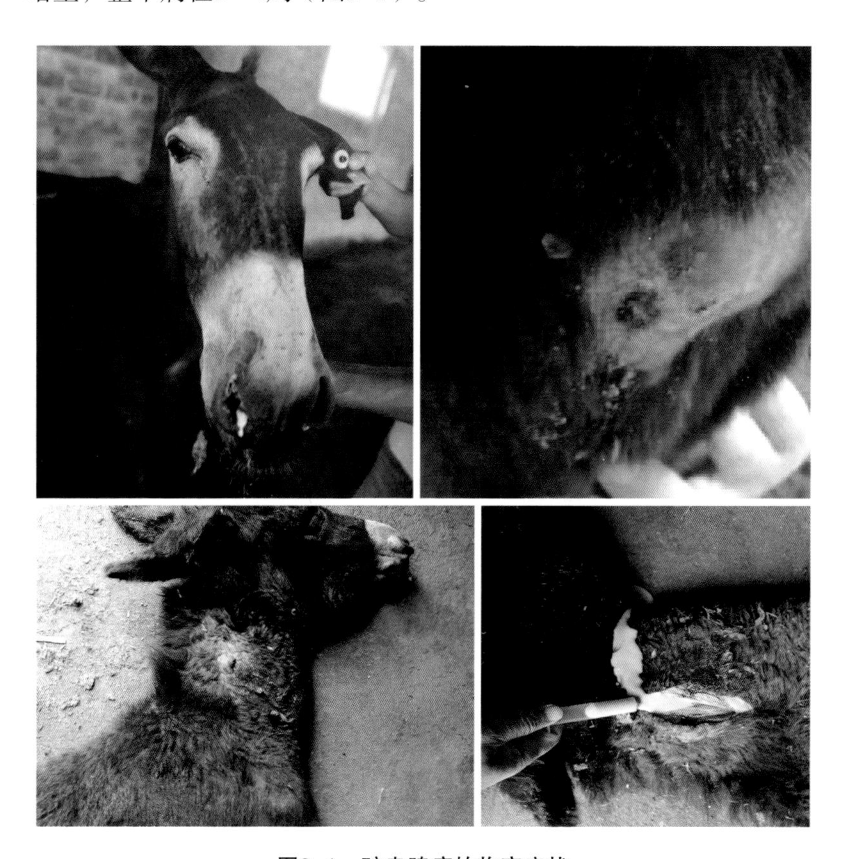

图3-1　驴患腺疫的临床症状

根据临床症状和流行病学可作出初步诊断，按照链球菌生化编码鉴定手册（GYZ-12ST）进行菌落特性鉴定和分子生物学鉴定确诊。

## 三、防治措施

控制传染源，切断传播途径。腺疫的传播能力极强，患病驴只应立即隔离，并及时监测发现隔离新出现症状的。本病潜伏期为1~8d。病原体随破溃和鼻喷排出体外，污染草料、水源等，经上呼吸道黏膜、消化道而传播感染。人员进出做好生物安全防护措施，避免病原的传播。本病在急性症状发生之后，病原仍然可以在患病体内排出3~4周，因此需要隔离更长时间。一般的标准为鼻拭子3次PCR结果阴性，才可解除隔离。康复后75%驴的免疫力维持5年以上。

本病轻者无呼吸困难等症状时无须治疗，通过加强饲养管理即可自愈。治疗期间要给予富于营养、适口性好的青绿多汁饲料和清洁的饮水。处于化脓期，可涂抹适量鱼石脂软膏、10%~20%松节油软膏等促使成熟和脓汁排出，要做好创口的清洁工作，目前对于腺疫是否应该使用抗生素尚有争议，过早使用抗生素可能导致脓肿成熟破溃减慢而延长病程。一般是加强饲养管理，给予优质饲料和清洁的饮水，保持厩舍清洁、干燥和通风，防感冒，增强机体抵抗力。只有在病情非常严重的情况下，才考虑使用β-内酰胺类抗生素类（青霉素与头孢菌素）进行治疗，临床应用时可根据病症选用地塞米松、维生素C、柴胡、黄连等配合使用。

# 第二节 流行性感冒（流感）

## 一、病因

流感是由正黏病毒科流感病毒A型流感病毒（Equine Influenza Virus，EIV）引起马属动物的一种急性暴发式流行的高度接触性传染病。流行的亚型为H3N8、H7N7，世界动物卫生组织（OIE）将马流感列为法定报告动物疫情之一，在我国将该病确定为三类动物疫病。

## 二、发病特点及诊断

本病一年四季均可发生，秋末或初春多发，主要经含有病毒的气溶胶或飞沫，经呼吸道传播是本病主要的传染方式。病毒也可通过被污染的水、饲料经消化道感染，病毒在康复的种驴精液中可存在很久，注意配种时发生的本交传播。疫情发展迅速，潜伏期为1～3d。该病不分年龄、品种、性别的驴均易感，临床症状主要是驴群突然出现大面积的呼吸道症状，表现为发热和剧烈干咳、眼结膜潮红、食欲低下、体温较高，然后是黏液脓性鼻分泌物，病驴的体温一般上升至39.5℃，有些可以达到41.5℃，稽留1～2d或4～5d。发病率一般高达60%～80%，但病死率低于5%，发病最初的2～3d内病驴经常出现干咳，由干咳逐渐转为湿咳，一般持续2～3周。因抗体的保护作用，主要感染2岁以下的驴只，本病死亡率较低，如果继发细菌感染可引起肺炎等炎症导致死亡（图3-2）。

检测EIV的“黄金标准”是接种9～11d的鸡胚分离方法。近年来用鸡胚和Madin-Darby犬肾细胞（MDCK）分离H3N8亚型病毒

的比较试验表明，MDCK能选择性地分离出临床样品中并不代表优势病毒株的变异毒株。参考马流感的血凝抑制试验的操作流程（SN/T 1687—2005）进行血清学试验；用多重RT-PCR的方法检测流感H3N8病毒进行分子生物学诊断（NY/T 1185—2018）。

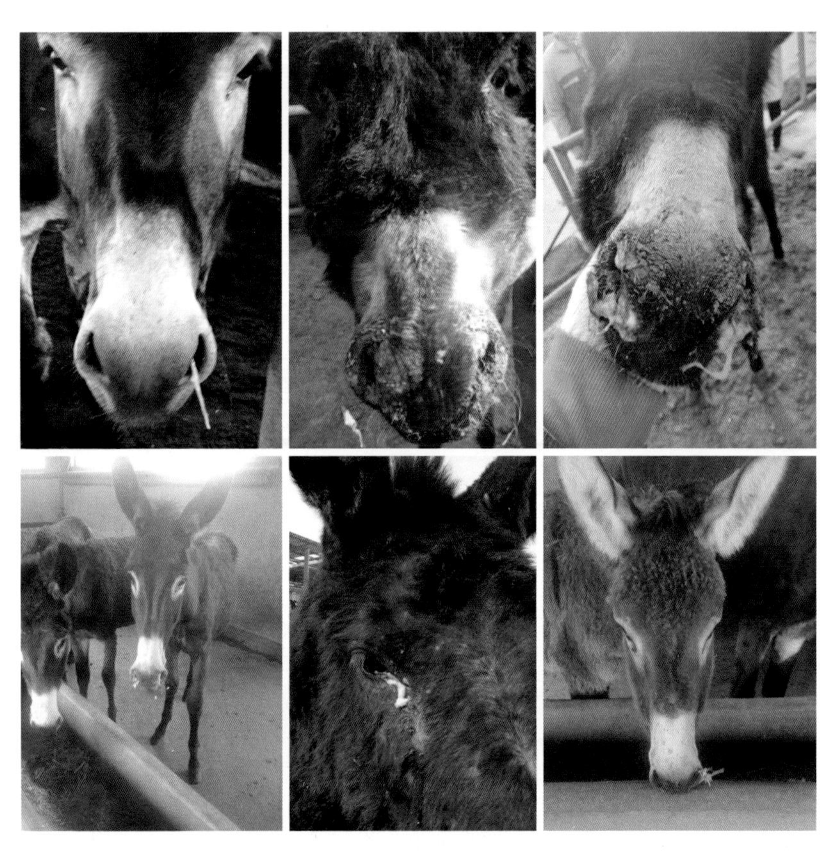

图3-2　驴流感

## 三、防治措施

对于发病驴进行对症治疗和抗病毒治疗，同时给予支持疗法，必要时给予青霉素、头孢类等抗生素控制继发的细菌感染。当病驴体温升高时可以注射一定量的退热剂，使其体温保持稳定。此外，也可以通过辩证施治的原则使用中兽药方剂如板蓝根、大青叶和小柴胡散等进行预防和治疗。国外有多种驴流感疫苗可以用于预防，国内也已成功研发相关产品。

## 第三节　流产沙门氏菌病

### 一、病因

该病是由流产沙门氏菌（*Salmonella*）侵害怀孕母驴、1—6月龄幼驹为特征的细菌病。病原菌系沙门氏菌属，为两端钝圆的杆菌，革兰氏染色阴性，无芽孢与荚膜，对干燥、日光等具有一定的抵抗力，在外界可生存数周或数月。带菌现象较普遍，病原菌潜藏于消化道、淋巴组织和胆囊内而不致病。当受到应激刺激或机体抵抗力下降时，病原菌迅速繁殖并引起内源性感染、传播、致病。流产的驴驹大多发生菌血症状，笔者课题组发现该病原菌可突破血脑屏障。

### 二、发病特点及诊断

流产沙门氏菌病是一种以消化道传播方式为主的传染病，母驴在分娩时可以通过产道传播，造成驴驹感染，使驴驹发病。一年四季均可发生，多雨潮湿季节更易发生，一般呈散发，有时呈地方性流行。本病主要特征为精神沉郁、呆立不动、发热和共济失调，驴驹腹泻、关节肿大，患病公驴睾丸炎症，怀孕母驴流产。其中怀孕母驴流产前常无先兆发生，妊娠后期可见有轻微腹痛、战栗、出汗，频频排尿，乳房肿胀，阴道流出血样液体。流产时，通常是胎儿、胎衣一起排出。胎膜水肿、增厚，表面附有糠麸样物质。羊水混浊，呈淡黄色或紫红色。胎儿皮肤、黏膜、浆膜及实质脏器呈现黄染和出血性败血症变化，个别脏器发生坏死。流产后，恶露呈红色、灰白色，逐渐自愈。常用的诊断方法主要是无菌采集病料进行常规的细菌分离鉴定，使用选择培养基进行鉴别诊断，也可以通过PCR方法鉴定沙门氏菌的16S rRNA。在诊断过程中，最常用的血清学诊断法是夹心ELISA，也可以使用凝集反应进行诊断（图3-3至图3-5）。

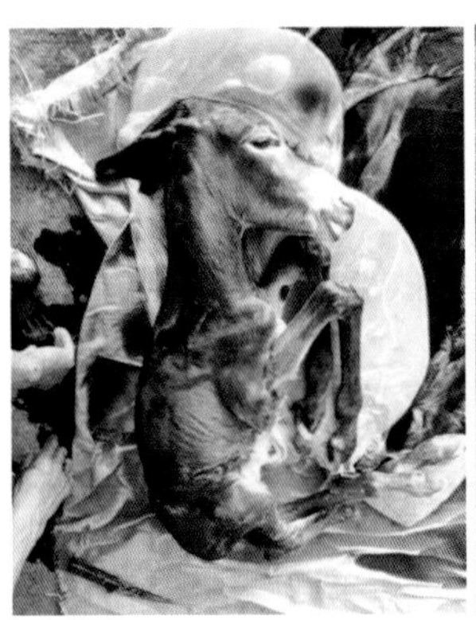

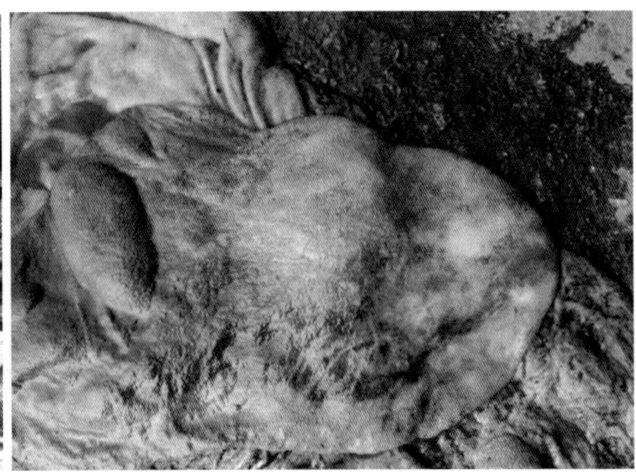

图3-3　胎儿病变，妊娠后期胎儿、胎水红褐色

图3-4　流产死胎

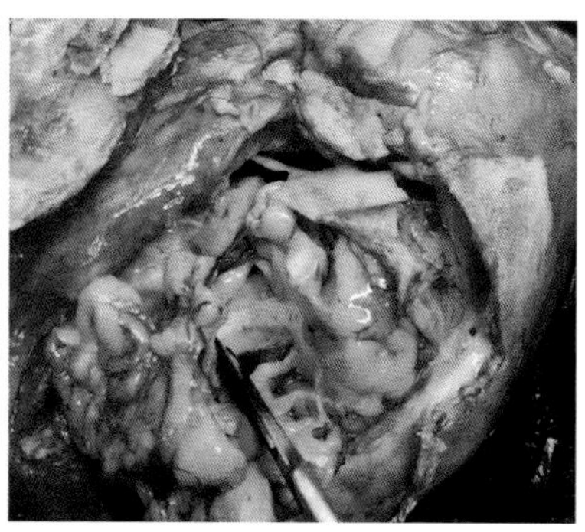

图3–5　流产胎儿（肺、脑）

## 三、防治措施

加强饲养管理工作，提高抵抗力。流产的胎儿、胎衣等应深埋。被污染的场所和用具等严格消毒，垫草烧毁。可接种驴流产沙门氏菌疫苗（灭活苗或弱毒冻干菌苗），每年2次（11—12月、5—6月各1次），每次间隔7d注射2次。发病时，立即隔离治疗，首选喹诺酮类抗生素，可与三代头孢或氨基糖苷类抗生素联合使用。如发生子宫内膜炎及全身症状时，可对症治疗，并按子宫内膜炎的常规方法处理。公驴睾丸炎应用抗生素药物治疗。

# 第四节　子宫炎

参照奶牛繁殖专家Sheldon等（2006）根据疫病进程和症状以产后21d为界，笔者把驴子宫炎症分为子宫炎（Metritis）和子宫内膜炎（Endometritis）。子宫炎又分产褥期子宫炎和临床型子宫炎，子宫内膜炎又分为临床型子宫内膜炎和亚临床型子宫内膜炎（图3-6）。

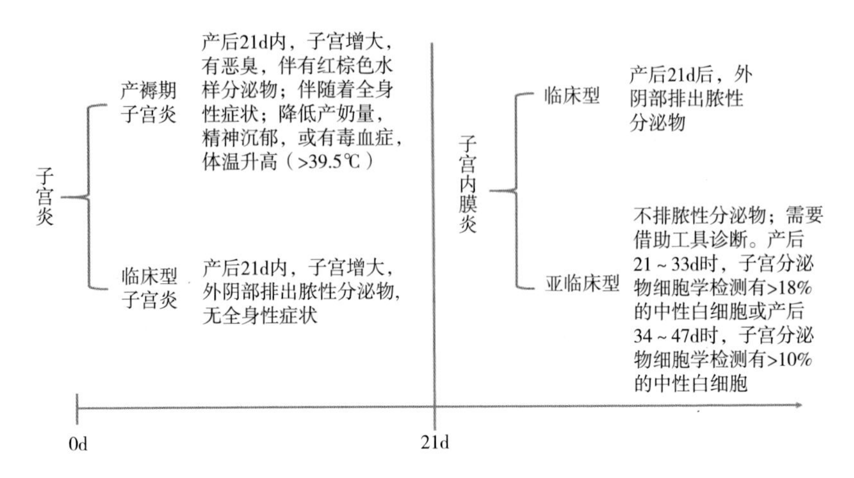


图3-6　驴子宫炎诊断的分类标准

## 一、病因

### （一）子宫内膜炎

子宫内膜炎是子宫炎（内膜炎、肌炎、浆膜炎同时发生炎症）中的一种，是在分娩时或产后由于子宫黏膜感染微生物所发生的炎症（如生殖道泰勒氏杆菌、化脓性放线菌、链球菌、埃希氏大肠杆菌和葡萄球菌等），是目前驴不孕中最常见的病因（占70%以上），病菌主要定居在泌尿生殖道黏膜。

### （二）传染性子宫炎

传染性子宫炎是由嗜血杆菌侵害母驴为特征的高度接触性疾病。病原菌系嗜血杆菌属的一个新种，属革兰氏阴性球杆菌，有夹膜、无鞭毛、不能运动。37℃微需氧培养48h，在胰脲巧克力琼脂（TCA）平板上多数呈球形，在Eugon巧克力琼脂（ECA）多数呈杆状，以光滑型、沙型、极小型菌落呈现。一般外用消毒药对本菌无

效，平板扩散试验表明对大环内脂类、氨基糖苷类、四环素类和酰胺醇类抗生素敏感。

## 二、发病特点及诊断

本病多发生于配种繁殖季节，因生殖道淋巴管扩张、血管损伤，难产、助产不当引起产道损伤，主要通过性交接触传播，可通过被污染的物品场所及接触过的病驴和污染物的人员传播。本病主要侵害母驴，良种公驴也有易感性。病驴和带病驴是本病的主要传染源，呈散发或暴发感染，患本病后可获得一定的免疫力，重复感染试验，结果表明有局部的抗体存在，潜伏期自然感染为2～14d。

临床可见淡灰白色的黏液脓性或脓性子宫分泌物从阴道中流出，产后恶露不净，出现一系列热征候。呼吸急促、心跳快而弱（100次/min以上）、鼻镜无汁、食欲废绝、精神委顿、有时呈昏睡状态、结膜充血。体表出现轻度发抖、大便干而少、尿少而浓。泌乳量骤减，有久配不孕病史，未产母驴触诊子宫体积不同程度增大，慢性子宫内膜炎常常子宫质地变硬无弹性。对于子宫的形态学诊断可以使用直肠检查或超声检查进行，另外可采集泌尿生殖道的黏膜拭子，进行细菌分离培养结合生化鉴定、血清学鉴定以及PCI鉴定进行，具体可参照《马传染性子宫炎检疫技术规范》（SN/T 2986—2011）。

## 三、防治措施

实施严格检疫和配种卫生措施，遵守操作规程，防止母畜子宫感染。在分娩接产及难产助产时，必须注意消毒，患有生殖器官炎症的病畜在治愈前不宜配种。产后7d后可用0.1%的高锰酸钾溶液和1%～5%盐水冲洗子宫，隔日可输入240万U青霉素和200万U链霉素，减少子宫炎的发生率。对于任何类型的子宫炎，一般采用子宫内局部清洗消炎用药，可使用广谱抑菌、杀菌作用双氯苯双胍己烷，青霉素、链霉素组混物连续冲洗子宫3～5d，直至冲洗液清澈，同时根据药敏试验结果，选择合适的抗生素进行全身用药或宫内注射留药。炎症较重时可冲洗子宫后，使用缩宫素肌内注射，以促进子宫内脓液的排出。治疗后1～2周开始采集标本，每次间隔不少于7d，连续3次标本阴性后为治愈指标。目前，对于驴子宫内膜炎的理解还不够深入，需要进一步的研究以探明其具体病原、发病机制以及适合我国规模化养驴条件下适合的防治方法。

生殖道泰勒氏菌是一种小的球杆菌属细菌，生长缓慢（在特定溶血血琼脂上需要3～7d），革兰氏阴性，微嗜氧，过氧化氢酶阳性，氧化酶阳性，但其他生化反应阴性。1977年在Newmarket（英格兰东南部）首次确定为马传染性子宫炎（CEM）病原，它引起流行性急性子宫内膜炎，临床症状是交配后2d就出现大量黏液、灰色阴道分泌物，病畜可逐渐康复至没有任何异常。急性子宫内膜炎通常会引起受孕失败，但有些母畜很快就能从急性感染中康复，使受孕和正常妊娠得以进行。母畜可能携带病菌，但无症状，阴蒂窝与阴蒂窦是病原持续存在的重要场所。可根据拭子样品中病原培养来确诊。

抗生素反复宫内冲洗可成功治疗急性子宫内膜炎。同时阴蒂窝和阴蒂窦必须彻底和反复用洗必泰溶液洗涤、呋喃西林软膏灌注。在这种外生殖器消毒后，使用由正常驴外生殖器官共生的菌群培养的细菌肉汤来治疗阴蒂窝与阴蒂窦，以阻止病原菌的过度生长。在较难控制的情况下，可能需要做阴蒂窦切除术。母畜站立保定，镇静后采用局部浸润麻醉（图3-7、图3-8）。

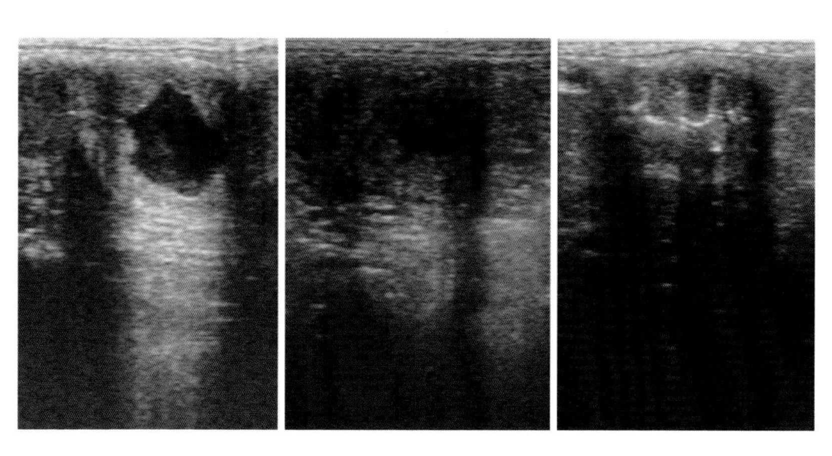

图3-7　子宫炎症的B超

图3-8　子宫炎症临床症状

# 第四章 皮肤寄生虫病及其他疾病

## 第一节　真菌病

### 一、病因

由皮肤癣菌引起的一种慢性人畜共患皮肤性传染病，有致病性的皮肤癣有3属，即小孢霉属、毛癣菌属和表皮癣菌属，其中多数是由小孢霉属的马小孢霉和犬小孢霉所致。霉孢子污染损伤皮肤后，在表皮角质层内发芽，长出菌丝深入毛囊，在溶蛋白酶和溶角质酶的作用下，菌丝伴随毛发生长，受害毛发长出毛囊后很容易折断，发生脱毛形成无毛斑。由于菌丝在表皮角质中大量增殖时，表皮很快发生角质化和引起炎症，结果皮肤粗糙脱屑渗出和结痂。

### 二、发病特点及诊断

本病全年均可发生，以秋冬季圈舍期发病较多，营养缺乏、皮肤和被毛不卫生，环境潮湿污秽均可促进本病的发生。通过被毛、皮屑、含真菌飞尘和被真菌污染的工具、栏杆、垫料、卧床等传染。群居或集中饲养易暴发。

一般根据病史和症状可作出初步判断。在驴身上主要发生于头部、颈部、胸侧等处，可见到圆形如剪毛状斑块，表面覆有面粉样鳞屑，有的患部发生丘疹，扁豆大或更大水疱，干燥后形成薄痂，皮肤增厚粗糙。感染毛发在紫外线照射下，多数可出现绿色荧光。确诊时可进行实验室检查，如显微镜诊断，刮取患病交界处的皮屑和毛根，置于载玻片上，加少量10%～20%的氢氧化钾溶液浸泡15～20min或微加热3～5min，待毛发软化、透明时加盖玻片，进行显微镜观察可见毛干变粗、表面粗糙、内部有分节孢子和菌丝（图4-1、图4-2）。

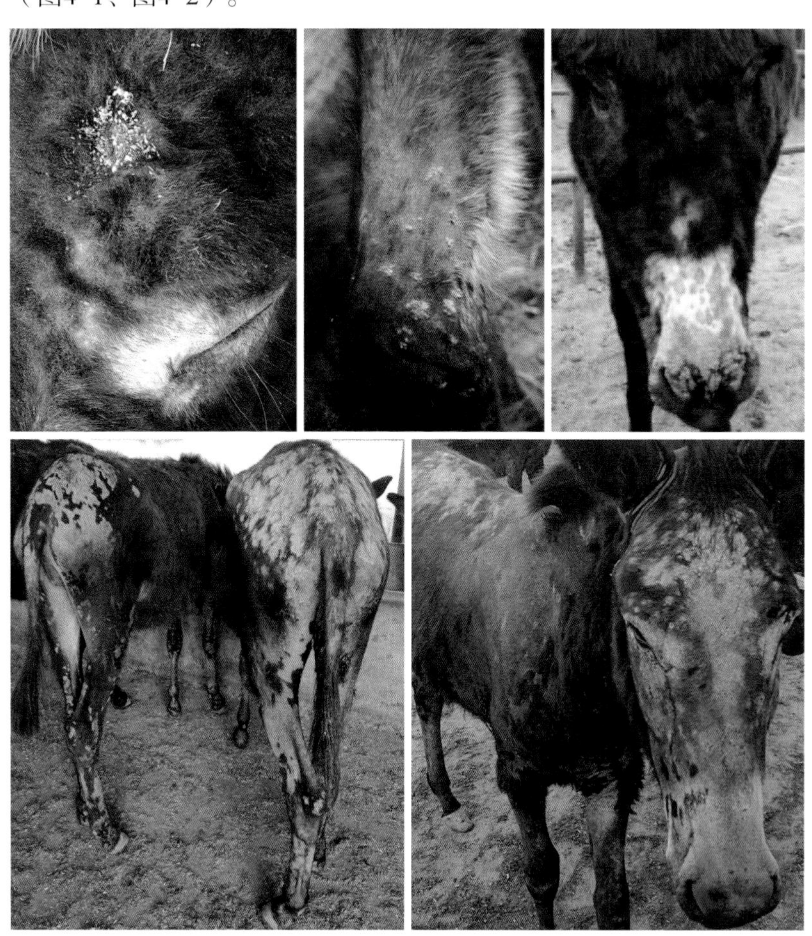

图4-1　皮癣临床症状

 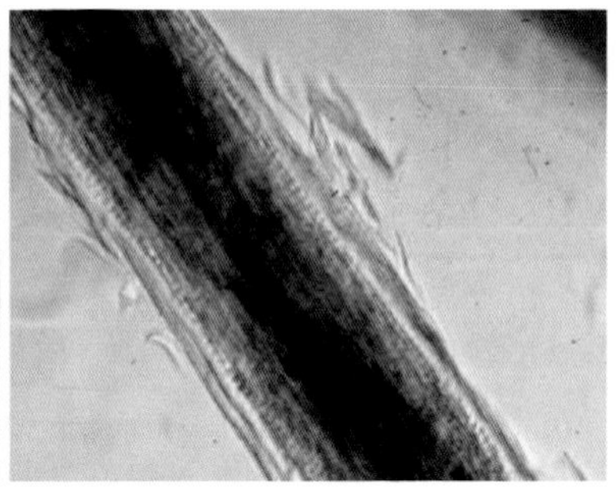

图4-2　显微镜检查

### 三、防治措施

平时应加强饲养管理，做好圈舍环境卫生，多晒太阳有良好的预防效果，发现病驴后应将其隔离治疗，进行环境消毒。驴真菌性皮肤病在3个月后会自动缓解。治疗目的是降低病畜对真菌感染的反应，调节营养平衡，减轻并发症。可针对患处进行局部治疗，先剪毛，用肥皂水洗净患处。抗真菌药物很多，但效果相似，如10%水杨酸酒精、5%～10%硫酸铜溶液、5%的硫黄软膏、2%～5%硫黄合剂与2%酮康唑等。

## 第二节　螨　病

### 一、病因

螨虫是节肢动物门蛛形纲广腹亚纲的一类体型微小的动物，虫体分为颚体和躯体，颚体由口器和颚基组成，躯体分为足体和末体。在宿主表皮角质层的深处，以角质组织和淋巴液为食。螨虫有40余种，常见有疥螨、痒螨等。疥螨雌螨大小为（0.3～0.5）mm×

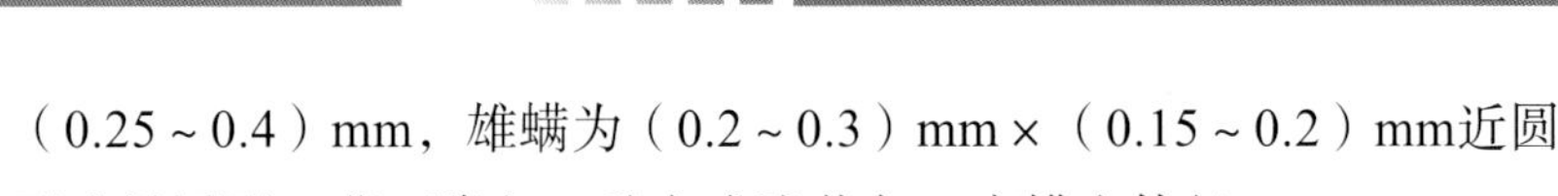


（0.25～0.4）mm，雄螨为（0.2～0.3）mm×（0.15～0.2）mm近圆形或椭圆形，背面隆起，乳白或浅黄色；痒螨虫体长0.5～0.8mm，长椭圆形，灰白或淡黄色，颚体较疥螨长，尖圆锥形。

## 二、发病特点及诊断

病驴患部瘙痒、充血发红、皮肤落屑、结节甚至水疱。病驴在蹭痒时常常磨破结节和水疱，干燥后可以形成痂皮。痂皮创面上又逐渐生出新痂。由于驴体患部反复磨伤，病变区域不断扩展，局部脱毛，皮肤增厚或形成皱褶而失去原有的弹性。病驴摩擦或啃咬，异常烦躁以及骚动不安，很难进行正常的饮食和休息。消瘦严重者，可引起死亡。

在健康皮肤与病变交界的部位，刮取表皮鳞屑至局部微出血，采取少量表皮病料，散放于玻璃板上显微镜检螨虫（图4-3）。

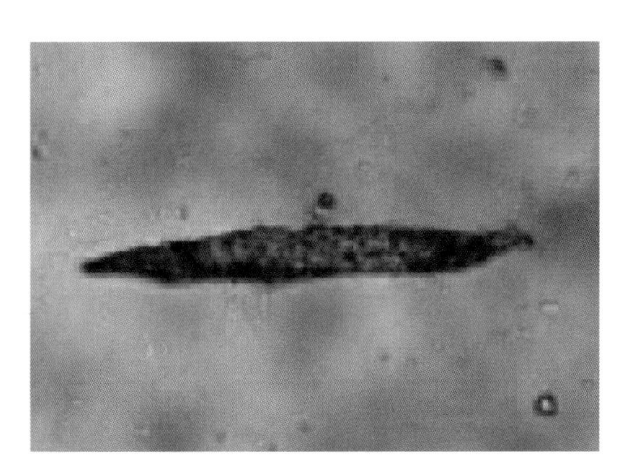

图4-3　镜检结果

## 三、防治措施

发现病驴，立即隔离治疗，以免接触传染。病驴可使用硫黄软膏、酮康唑、灰黄霉素、中药黄柏、丁香、苦参和地肤子等治疗癣病。防治螨虫可在每年春、秋各使用伊维菌素以及阿苯达咪唑复合制剂进行驱虫，也可使用乙酰氨基阿维菌素注射液（药效可持续42～56d，活性大大高于伊维菌素7～15d），患处剪毛清洗后局部用螨净0.5%溶液，0.05%辛硫磷反复涂药喷洒。保持驴舍清洁干燥，用刷子刷拭驴全身1～2次/d，促进血液循环，排汗畅通，增强皮肤抵抗力。环境应用药物或火焰喷灯、紫外线等消毒杀灭虫卵。

## 第三节　肠道寄生虫病

### 一、病因

驴肠道寄生虫病是一种慢性、隐蔽性疾病，往往无明显的临床症状，严重时表现为尾部发痒和脱毛，消瘦、贫血、腹泻，甚至是死亡。驴肠道寄生虫与年龄、季节等因素关系密切。感染比较普遍，其中9种肠道寄生虫比较常见：圆线虫、蛔虫、绦虫、鞭虫、蛲虫、钩虫、球虫、贾第虫、隐孢子虫，其中隐孢子虫和贾第虫是常见的原虫病原，优势种主要有马副蛔虫（A）、毛细线虫（B）、马圆线虫（C）和球虫（D），以马副蛔虫感染率最高。马副蛔虫是马属动物体内最粗、最大的一种寄生性线虫，虫体近似圆柱形，呈黄白色，雄虫长150～280mm，雌虫长180～370mm。虫卵近似圆形，呈黄白或黄褐色，直径90～100μm，发育成成虫为2～2.5个月（图4-4）。

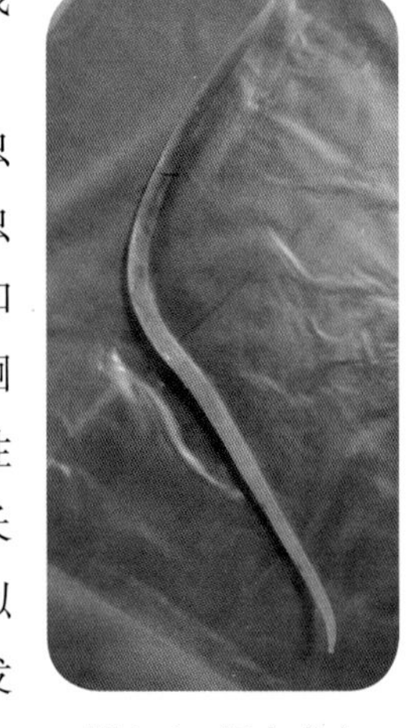

图4-4　蛔虫成虫

## 二、发病特点及诊断

驴寄生虫病感染率与感染强度和饲养管理有关，各种日龄的驴都可以感染，特别是在饲养管理粗放的情况下，最容易感染。幼驴如果持续出现“棕色泡沫”粪便，而没有饲养问题，体温也正常，那么就应该考虑寄生虫病害。可取新鲜的粪样放入塑料烧杯中，加少量饱和生理盐水，用小镊子捣碎后再添加10倍量的饱和盐水，充分搅拌使粪便与饱和盐水充分混匀，用铜筛过滤到广口小瓶内，使液面稍高于管口，在液面上盖上盖玻片，静置20min，小心的平提盖玻片，30°角覆于载玻片之上，在光学显微镜下，根据虫卵的大小、颜色、形态，并结合李祥瑞的《动物寄生虫病彩色图谱》和相关资料对上述所获得的虫卵进行鉴定。

## 三、防治措施

要保持驴舍的卫生，对饲养用具等要定期消毒；要经常对驴体进行刷洗，尤其是对驴尾臀部、肛门等处要经常刷洗。对饲养环境中的粪便进行及时清除和适当管理。

要春、秋两季定期驱虫，必要时冬季可加强驱虫1次。口服伊维菌素、阿维菌素粉剂或片剂、阿苯达唑片。

# 第四节　运输应激综合征

## 一、病因

因长途转场运输导致机体抵抗力下降，在多种应激原共同作用下，生物因子（病原感染）趁虚而入，引起呼吸道、消化道乃至全身病理性反应的综合征候群。应激导致机体抵抗力下降，应激反应使胃肠道持续性缺血，黏液分泌不足，肠道菌群紊乱，引发消化功能紊乱；应激反应使动物体能严重消耗，体内有毒代谢产物成倍增加，水电解质及酸碱平衡紊乱，致使生产性能下降；应激反应使动物的代谢和呼吸加快，负担加重，给病菌侵入造成可乘之机，呼吸道、肺部容易受感染而发病。

## 二、发病特点及诊断

运输应激源是复合应激源，运输中的拥挤、禁食、禁水、装卸、颠簸、加速度、酷热、严寒等都可以构成应激源，而这些应激源会根据其刺激强度、组合和运输时间的差异对不同性别、性情、经验、年龄、体重的动物产生不同的行为和生理生化影响及至分子水平的影响。

## 三、防治措施

运输前做好常规检查，外伤、皮肤病、肢蹄病、发烧、流涕、咳嗽、呆滞、食欲不佳和精神沉郁等驴均不宜运输，提前备好饲草料、饮水以及相关药物，并将驴集中饲养。运输应激反应会对钾的需要量提高20～30倍，合成维生素C的能力降低，因此，在运输驴前应提高日粮中钾的含量，如每天每100kg体重供给驴氯化钾20～30g；日粮中补充维生素C，促进食欲，提高抗病力，抑制应激时体温升高，因而可在日粮中添加0.06%～0.1%的维生素C；补充日粮中镁的含量，供给镁制剂可使镁离子与钙离子交换，从而降低驴的兴奋性。在驴转运前3d内饲喂镁含量较高的日粮，饲喂、注射银黄颗粒和黄芪多糖，运输前给驴充足饮水，有条件的备足补液盐（每千克含NaCl 3.5g、KCl 1.5g、$NaHCO_3$ 2.5g、葡萄糖10g）。配备足够的人力、物力、设施设备，做好兽医卫生防疫工作，运驴时，最好选择天气状况良好，无风或微风，温度≥20℃，风速≤

1.2m/s，建议车厢设隔断，装车密度适宜（$0.6m^2$/头，一半的驴能卧下为宜），防挤压，安装顶棚、侧棚，防晒、防风、防雨雪和防惊吓；车底垫料，在80km/h时速内运输。通过以上综合措施可有效地减少运输途中的损失（图4-5）。

图4-5　运输应激的预防

# 参考文献


侯文通. 2002. 驴的养殖和肉用[M]. 北京：金盾出版社.

李祥瑞. 2011. 动物寄生虫病彩色图谱[M]. 第二版. 北京：中国农业出版社.

刘文强. 2019. 规模化驴场中马流感病毒H3N8亚型感染情况调查[J]. 畜牧与饲料科学，40（6）：88-91.

刘宪斌. 2017. 规模化驴场几种主要疾病的研究[D]. 聊城：聊城大学.

OIE. 2012. OIE陆生动物诊断试验和疫苗手册[M]. 第七版. 北京：中国农业出版社.

Reuben J.Rose，David R.Hodgson. 2008. 马兽医学手册[M]. 第二版. 汤小朋，齐长明，译. 北京：中国农业出版社.

王化霑. 1985. 驴骡常见病防治[M]. 北京：金盾出版社.

谢成侠. 1987. 中国马驴品种志[M]. 上海：上海科学技术出版社.

邢敬亚，曲洪磊，刘桂芹，等. 2019. 生长期公母驴生产性能、血清生化指标、胴体性状和肉品质的比较[J] .动物营养学报，31（7）：2 727-2 734.

张瑞涛. 2014. 德州驴冷冻精液及其主要影响因素研究[D]. 济南：山东师范大学.

张伟，王长法，黄保华. 2018. 驴养殖管理与疾病防控实用技术[M]. 北京：中国农业科学技术出版社.

中国农业科学院哈尔滨兽医研究所. 2013. 兽医微生物学[M]第二版.

北京：中国农业出版社.

中国农业科学院中兽医研究所重编校正. 1969. 元亨疗马牛驼经全集[M]. 北京：农业出版社.

Sun T，Li S，Xia X，et al. 2017. ASIP gene variation in Chinese donkeys[J]. Animal genetics，48（3）：372.

Sun Y，Jiang Q，Yang C，et al. 2016. Characterization of complete mitochondrial genome of Dezhou donkey（Equusasinus）and evolutionary analysis[J]. Current genetics，62（2）：383-390.